手作服基礎班

手作服基礎班

手作服基礎班

手作服基礎班

手作服基礎班：
畫紙型&裁布技巧book

水 野 佳 子

製作服飾，不外乎就是測量尺寸、裁剪及縫製——利用適合穿著者的紙型裁剪布料，再加以縫製而成。在本書中，無論是利用裁縫書所附贈的原寸紙型來裁剪，或是修正紙型的尺寸，全部都有照片進行詳盡的解說。為了作出從縫製開始就不出錯的紙型，讓我們一起來學習如何精確地裁剪吧！想要精準地裁布、漂亮地縫製，也有一些必要的準備工作喔！若本書能讓您懷抱著手作的快樂心情，充分活用原寸紙型、製作出一件件舒適的衣服，進而享受製作衣服的樂趣，那將是我無上的喜悅與光榮。

CONTENTS

〔裁縫工具相關資訊〕

〈P.6〉 白報紙、50cm方格尺、30cm方格尺、30cm直尺、紙鎮、H彎
尺、D彎尺、裁縫曲線製圖用原型板、自動鉛筆、橡皮擦、捲
尺、切割尺、切割墊、美工刀、剪紙專用剪刀

〈P.11〉 螢光筆、便利標籤

〈P.38〉 切割墊、裁布專用剪刀、輪刀、珠針、針插、紙鎮、錐子、虛
線點線器、點狀點線器、粉土筆、粉片、雙面複寫紙、單面複
寫紙

〈P.59〉 輪刀＆替換刀片

〈P.72〉 隱形膠帶

〈P.92〉 0.3mm自動鉛筆

關於上述裁縫工具，請洽：

「學校法人　文化事業局　購買部　外商課」

〒151-8521　東京都澀谷區代々木3-22-1

TEL 03（3299）2048／FAX 03（3379）9908

※以上均為2010年2月購得之商品。

※台灣讀者可至全省拼布教室或百貨公司縫紉教室詢問。

製作紙型

所謂「紙型」指的是製作衣服等物品時，在紙上描繪剪下，用來進行布料裁剪作業的紙樣。

製作紙型，便是挑選適合穿著者尺寸的準備工作。

為了避免裁剪後發現有錯誤，或是開始縫製時才發現與縫合尺寸無法吻合，

讓我們一起學習製作精準零失誤的紙型吧！

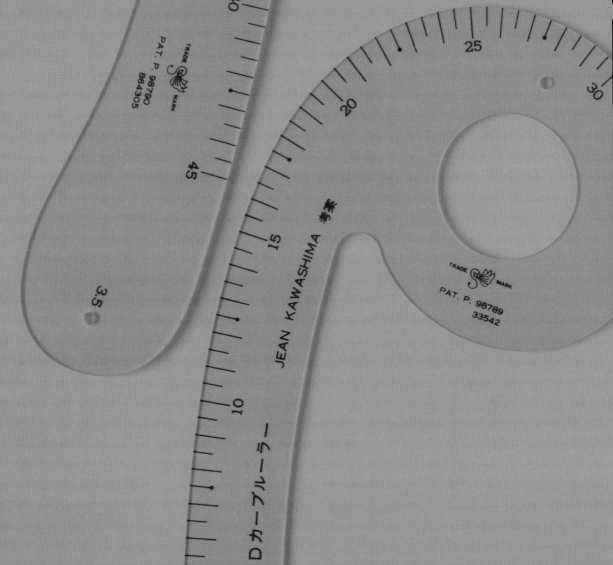

工具

製作紙型時，這些都是便利的小幫手喔！

1 白報紙（p.12）
2 50cm方格尺
3 30cm方格尺（p.25）
4 30cm直尺
5 紙鎮
6 H彎尺（p.18）
7 D彎尺（p.16）
8 裁縫曲線製圖用原型板（p.17）
9 自動鉛筆
10 橡皮擦
11 捲尺（p.25）
12 切割尺（p.35）
13 切割墊
14 美工刀（p.35）
15 剪紙專用剪刀（p.35）

紙型的選擇方式

從縫紉書附錄的原寸紙型中,挑選出適合穿著者的尺寸。

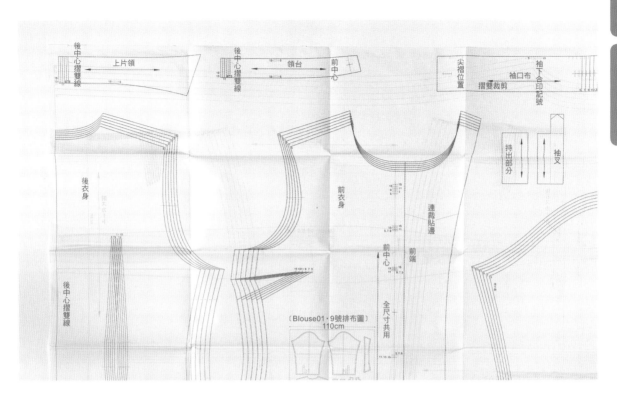

〔Blouse01・9號排布圖〕
110cm

紙型的完成尺寸及
參考用身體尺寸

首先,測量穿著者的尺寸。

接著,從縫紉書附錄的原寸紙型中,挑選出最接
近的尺寸。

有的尺寸表會標明紙型的「完成尺寸」及「參考
用身體尺寸」,也有的僅附「參考用身體尺寸」。

「完成尺寸」指的是含有些許鬆份的成品尺寸。

關於尺寸的鬆份,會因各個作品或設計而有所
差異,試著與「參考用身體尺寸」相互比較,將
能協助我們瞭解該紙型含有多少分量的鬆份。

右方的紙型及尺寸表,摘錄自《私にぴったりな、ブラ
ウス、スカート、パンツのパターンがあれば……》
(文化出版局)。

		紙型完成尺寸(單位:cm)					
		5	7	9	11	13	15
上衣	胸圍	87	90	93	96	99	102
	衣長	61	61.5	62	62.5	63	63.5
	肩寬	34.5	35.5	36.5	37	38	38.5
	袖長	57	57.5	58	58.5	59	59.5
裙子	腰圍	62	65	68	71	74	77
	臀圍	88	91	94	97	100	103
	裙長	58.6	58.8	59	59.2	59.4	59.6
褲子	腰圍	62	65	68	71	74	77
	臀圍	89	92	95	98	101	104
	股上	24.4	24.7	25	25.3	25.6	25.9
	股下	75	75	75	75	75	75
參考用身體尺寸							
(尺寸)		5	7	9	11	13	15
胸圍		77	80	83	86	89	92
腰圍		60	63	66	69	72	75
臀圍		85	88	91	94	97	100

紙型上的記號

紙型上各式各樣的記號，都要記住它們的意義喔！

┃布紋線

與布邊平行對齊。

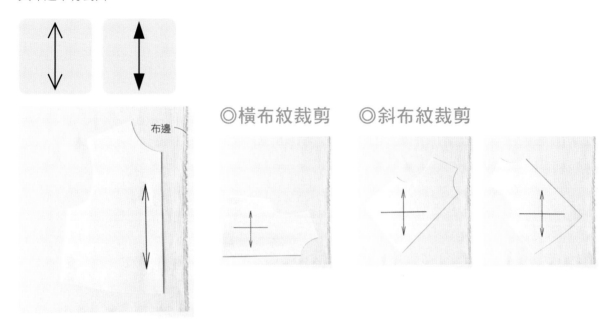

◎橫布紋裁剪　　◎斜布紋裁剪

布邊

┃摺雙裁剪

表示「對摺後裁剪」的線條。經常使用在紙形中的前中心、後中心上。

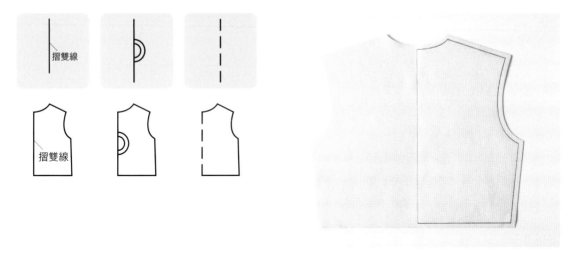

摺雙線

摺雙線

| 活褶

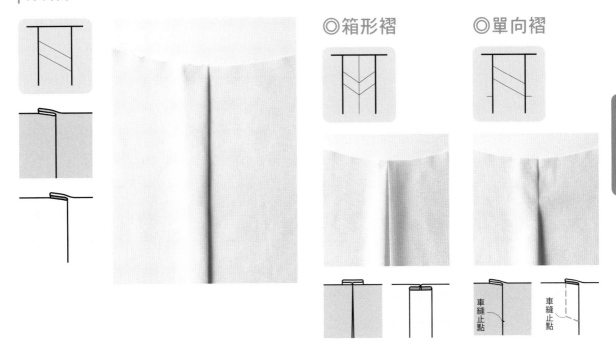

◎箱形褶

◎單向褶

車縫止點

車縫止點

| 抓縐

| 尖褶

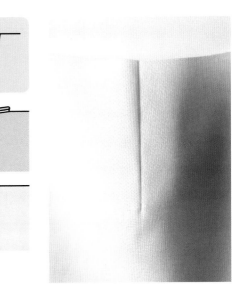

描繪紙型

｜描繪前，先標註記號

隨書附錄的原寸紙型上，經常有許多不同的作品紙樣線框相互交疊著。
因此，決定了想要製作的單品及尺寸後，可先利用螢光筆在紙型上標註記號，會更利於辨識。

◎利用螢光筆標註主要記號

　　為了避免在描繪時產生混亂，建議在尺寸、合印記號、角落等處，都先標註記號。

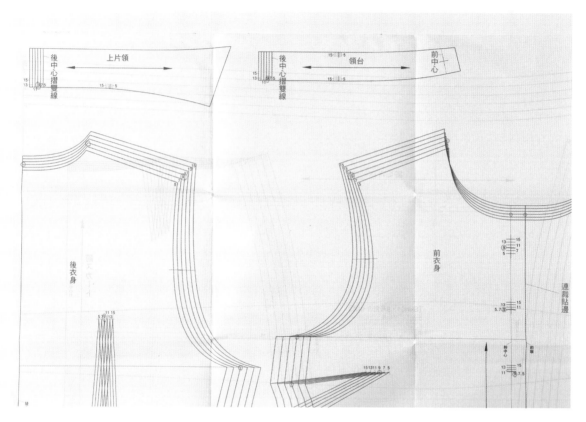

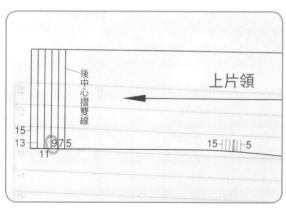

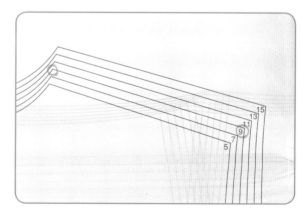

◎黏貼便利標籤

若線條較多，可在紙型上黏貼便利標籤，以避免錯誤或漏失。

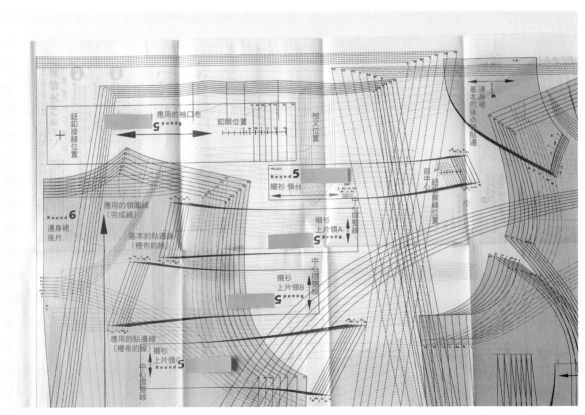

◆螢光筆

選用顯色性佳、線條明顯的氈布筆尖螢光筆。由於是以酒精為墨水，因此不易褪色。

◆便利標籤

便利標籤可以黏貼在任何地方，也能輕鬆撕取。若選用的是黏著力較強的產品，有可能會造成紙張破損，必須特別注意。

將紙張鋪在紙型上

在此用後衣身進行說明。

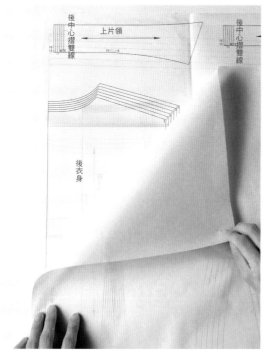

1 將紙張鋪在想要描繪的紙型上，並在周圍留出些許空白。

2 將紙鎮壓上，避免紙張移動。此時要注意紙鎮放置的位置，不要影響到描繪的線框。

◆白報紙

單面經過壓光處理的工藝用紙。未經過壓光處理的那一面，可以鉛筆等工具在上面畫線。

描繪直線

從中心線開始繪製。長度較長的線條,則一邊移動直尺,一邊畫線。

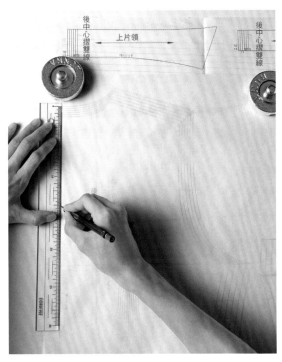

1 將直尺對準透過白報紙可看見的後中心線,在左手壓住的範圍內進行畫線。

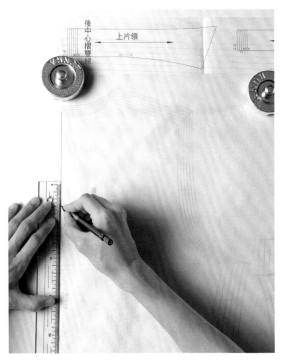

2 畫線時,筆尖不離開紙面,僅移動直尺即可。

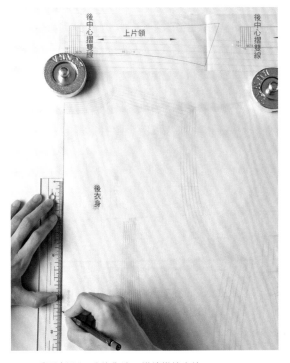

3 重覆步驟1、2的作法,繼續描繪直線。

從中心線開始往外圍方向繪製,並注意角落處不要留空隙。

描繪弧線

◎直接手繪

描繪時，盡量讓線條連結在一起。

1　依照紙型線框，描繪曲線。

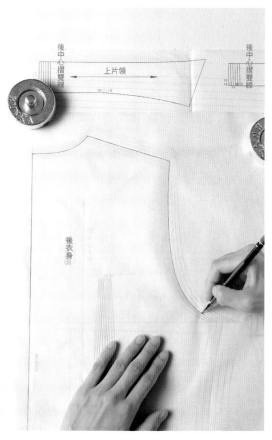

2　弧度較大的部分，則是一點一點地繪製。

◎使用直尺

利用直尺一點一點地移動，一邊對準曲線，一邊畫線。

1　利用P.13「描繪直線」的要領，一邊一點一點地移動直尺，一邊畫線。

2　只要筆尖不離開紙面，即可畫出完美的弧線。

描繪紙型

◎ 使用D彎尺

一邊利用彎尺對準紙型的曲線，一邊畫線。

1 對準領圍部分。

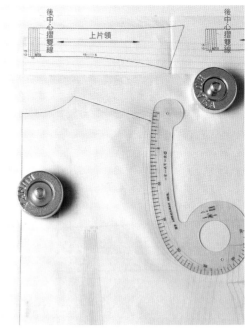

2 對準袖襱部分。

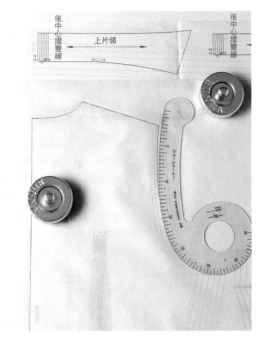

3 一邊移動D彎尺，一邊對準線框，進行曲線的描繪。

◆D彎尺

D彎尺的「D」，是取Deep（深）的第一個字母而來。在繪製袖襱、領圍等弧線較彎曲的部分可使用D彎尺，亦可用來測量較長曲線的長度。

◎使用特殊尺規

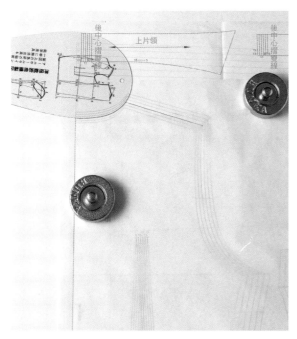

1 對準領圍部分。

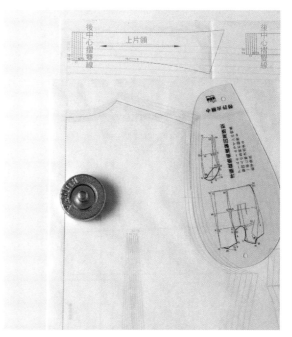

2 對準袖襱部分。利用P.16「使用D彎尺」的要領來描線。

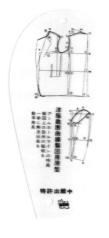

◆使用裁縫曲線製圖用原型板

適合用於描繪領圍、袖襱、袖山等處的弧線。

◎使用 H 彎尺 ※照片是以裙子的脇邊線進行解説。

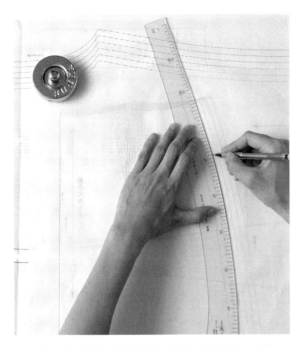

1 將 H 彎尺對準腰圍線到臀圍線的圓弧部分，描繪曲線。

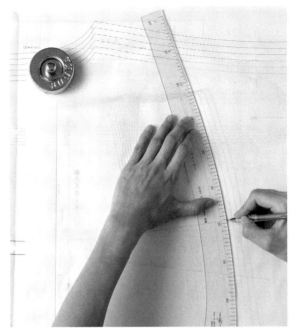

2 描繪至臀圍線位置時，稍作停頓。

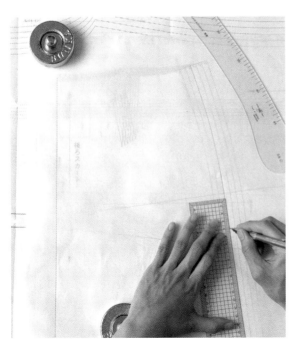

3 由於臀圍線到下襬的部分為直線，因此換成直尺或方格尺來繪製。

◆ H 彎尺

H 彎尺的「H」，是取 Hip（臀圍）的第一個字母而來。適合用於描繪尖褶、脇邊線等弧線彎度較小的部分。

將紙張墊在紙型下方繪製

若紙型線條較難看出端倪，可先將紙張墊在紙型下方，利用點線器來協助描繪。

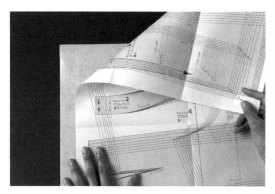

1 將紙張墊在想要繪製的紙型下方。

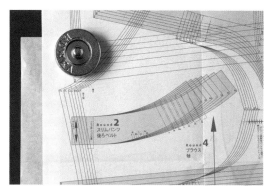

2 放上紙鎮固定，避免紙張移動。

3 利用點線器滾動，在下方的紙張上留下線條的痕跡。

4 點線器留下的痕跡如圖所示。接著沿著這些記號，將線段描繪完成。

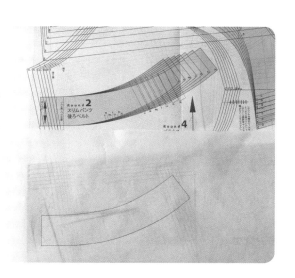

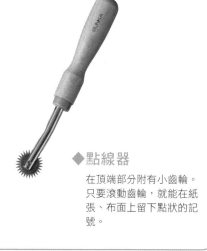

◆點線器

在頂端部分附有小齒輪。只要滾動齒輪，就能在紙張、布面上留下點狀的記號。

檢查紙型

所謂「檢查紙型」，指的是確認縫合線的尺寸，並仔細觀察線段是否完美地連接。
不僅可利用直尺來測量，將兩張紙型相互重疊也是方法之一。
確認同為直線的尺寸時，要在紙型都呈正面狀態時，相互對齊；
檢查曲線時，則是要將其中一張紙型翻至背面、相互疊合，再加以確認即可。

肩線 · 領圍 · 袖襱

將紙型確實對接成縫合的狀態，加以確認。

【SNP】

SNP為側頸點，是「Side Neck
Point」的縮寫。意指在頸圍上與肩
線交會的點。

1 將前、後衣身的紙型疊合，並將後衣身置於上方，確實對準肩線。此時即可對齊側頸點。

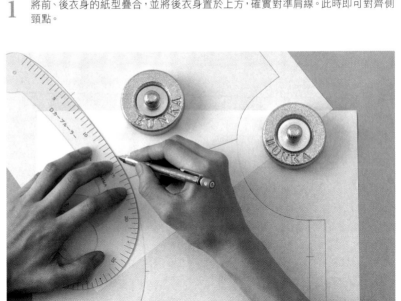

2 若前、後衣身的袖襱線不吻合，則重新繪製該線，使其能夠平順地連接。

3 後衣身的袖襱線重新繪製後如圖所示。至於前衣身的袖襱線,則是將後衣身的紙型墊在下方,重新繪製即可。

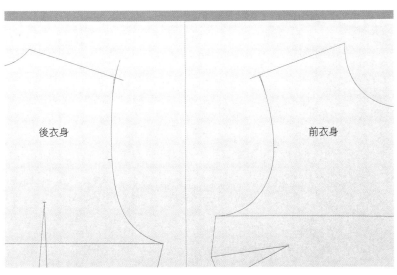

後衣身　　　　　　　　　　　前衣身

4 紙型修正完成,如圖所示。

脇線・下襬

◎製作裙子

1 確認從腰圍線到臀圍線的曲線尺寸時，要先將其中一片紙型翻至背面、相互疊合，再加以確認。

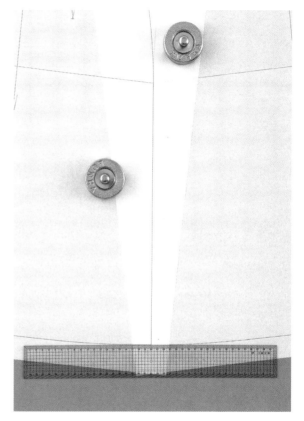

2 至於從臀圍線到下襬處的直線，則要將紙型都翻回正面、確實對齊，再確認尺寸。若前、後衣身的脇邊線不吻合，則重新繪製該線，使其能夠平順地連接。

◎製作衣身

◎製作褲子

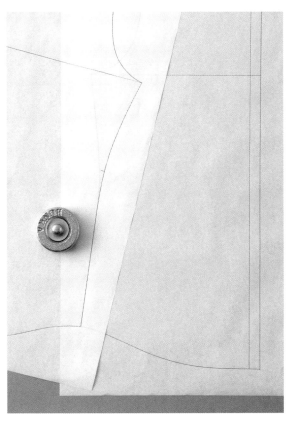

確認連接處的尺寸,觀察下襬線是否平順地連接。

若線段無法完全吻合,就一點一點地移動紙型,持續進行尺寸的確認工作。

袖下‧袖襱‧袖口

要縫成筒狀的部分，紙型也捲起接合成筒狀進行確認。

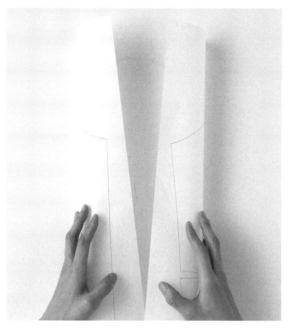

1　將紙型捲成筒狀，並讓袖子紙型的袖下線確實對合。

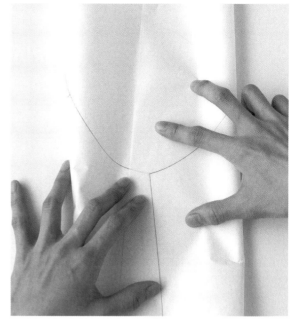

2　對齊袖下線，再確認袖襱（袖底）、袖口的線是否平順地接合。

尖褶

將線段確實對齊成縫合狀態，再加以確認。
至於尖褶或活褶，摺疊紙型再作確認亦可（參閱P.32）。

1　另外準備一張紙，從腰圍線開始畫到中心側的褶尖點。

2　以筆壓住褶尖點，將已畫好的紙加以翻轉，使褶線與脇邊側的褶線對齊，再確認腰圍線是否平順地接合。

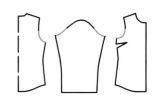

袖山&袖襱

針對無法疊合進行確認的曲線，可使用直尺及捲尺來測量。

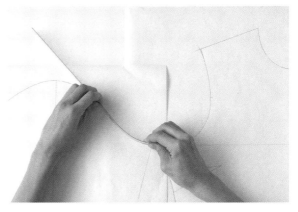

分別測量從衣身袖襱的脇邊到合印記號間的距離，以及從袖山的袖底到合印記號的距離。

曲線的測量方式

至於曲線尺寸，則可將方格尺或捲尺在紙面上立起，沿著弧線對齊測量。

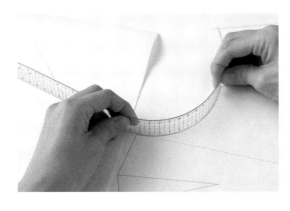
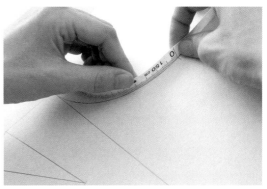

◆方格尺（2.5×30cm）

這是以5mm為一間隔的方格尺。以平行線‧直角線段為主，是相當適合用來標註縫份或細針形褶襉記號的好幫手。此外，針對寬度較窄的部分，亦可柔軟地彎摺來進行測量。

◆捲尺

帶狀的捲尺，適合用來測量人體各部位的尺寸，或是測量製圖時的曲線長度。

漂亮地縫合曲線與長距離線

若布紋線的傾斜程度接近斜布條，或是縫合的線段尺寸較長，
可增加合印記號，以防止縫合時的移動或誤差。

裙子的脇邊線

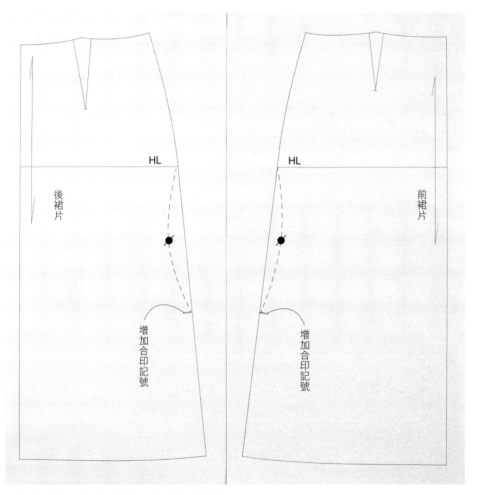

在較長的縫合線段中心處附近，增加新的合印記號。

衣領及領圍

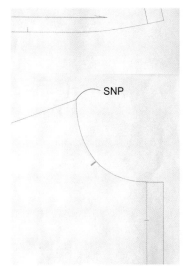

1　在衣身的前中心及SNP點的中心處附近，增加新的合印記號。

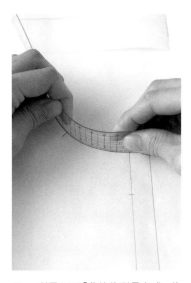

2　利用P.25「曲線的測量方式」的要領，測量前中心到新合印記號的尺寸。

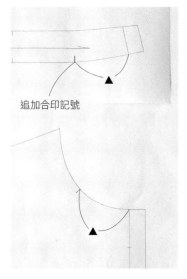

追加合印記號

3　在距離衣領紙型前中心相同尺寸的位置上，增加新的合印記號。

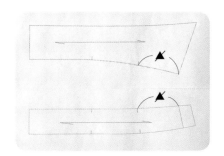

上片領也是以同樣方式增加新的合印記號。這樣紙型就完成了。

在衣領的紙型上增加新的合印記號，可防止縫製時布料移動，也可維護左、右兩邊的平衡。

如果沒有在衣領的紙型上增加新的合印記號，縫製時的布料錯位情況如圖示，可看見衣領的接縫位置有些歪斜。

加上縫份

為了能夠正確地進行裁剪,應製作加上縫份的紙型。
若能先標註完成線的記號,就能簡化裁剪後的作業流程。

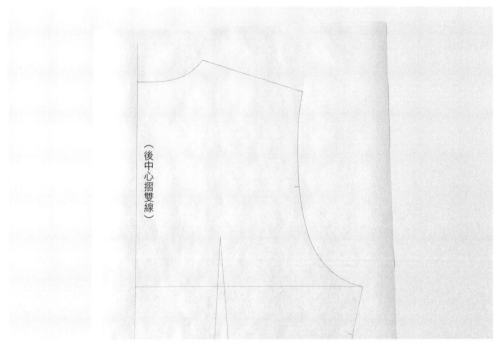

(後中心摺雙線)

加上縫份前的後衣身紙型。

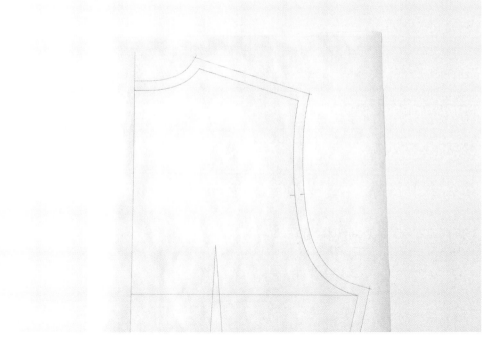

除了後中心摺雙線外,其他部分都加上縫份。

在弧線外圍加上縫份

1　在紙型的完成線外圍，仔細沿著縫份寬度標註記號。

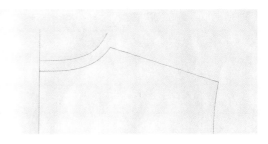

2　連接記號位置，將縫份的線條繪製完成。

使用方格尺時

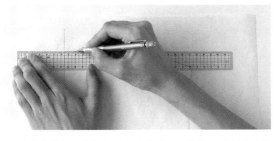

1　直線的部分，利用方格尺的格子，一邊對齊縫份寬度的尺寸，一邊畫出線條。

2　至於曲線的部分，同樣利用方格尺的格子，一點一點地標註縫份寬度，再一邊移動直尺，一邊畫出縫份。

在直線外圍加上縫份

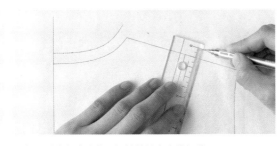

1　在紙型的完成線外圍標註縫份寬度的記號。

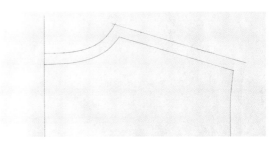

2　將各個記號以直線連接起來。

使用方格尺時

利用方格尺的格子，一邊對齊縫份寬度的尺寸，一邊畫出縫份。

方格尺的使用方式

只要利用尺上的細小方格，就能正確地繪製各種線條。

◎平行線

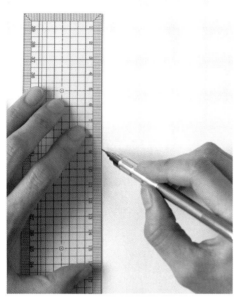

1 先繪製一條基本線。

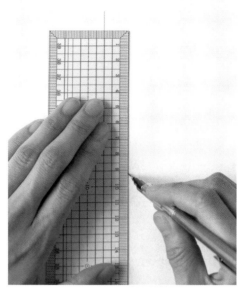

2 確認想要繪製的平行線寬度，如圖將方格尺的格子對齊基本線，畫出平行線。

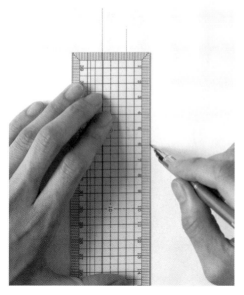

3 以步驟2的要領，畫出另一條平行線。

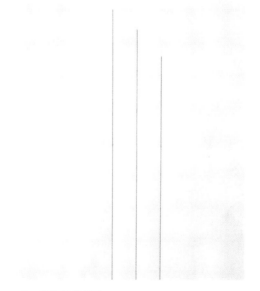

4 平行線畫好了。

◎垂直線（90°）

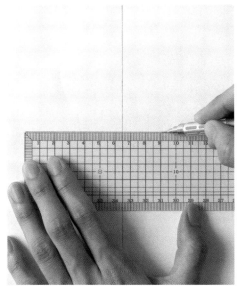

1 如圖將方格尺對齊基本線，使其與基本線呈垂
直狀態。

2 垂直線繪製完成。

◎斜線（45°）

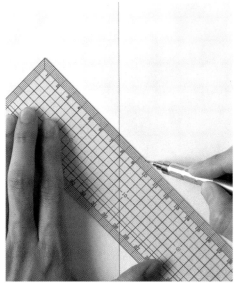

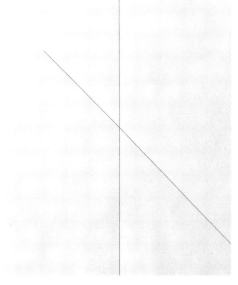

1 如圖將方格尺的格子對齊基本線，使其與基本
線呈45°角。

2 斜線繪製完成。

需要注意的縫份畫法

若縫合線上有角度，就要改變加縫份的方式。

◎尖褶

如圖摺疊紙型後，加上縫份。

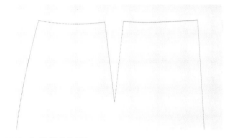

要加上縫份的紙型。

1　將尖褶摺疊成縫合後的狀態。

2　在摺疊的狀態下，利用點線器沿著腰圍線留下記號。

3　接著展開紙型，尖褶的褶山形狀就完成了。沿著這個褶山的形狀，平行加上縫份的寬度即可。

◎活褶

與「尖褶」的作法相同，先將紙型摺疊成完成狀態，如此便能避免出錯。

單向褶的畫法

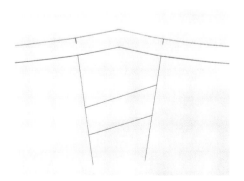

箱形褶的畫法

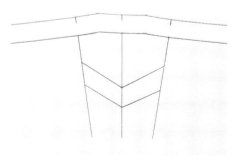

◎前開式的領圍 ※此為將縫份三摺邊處理的情況。

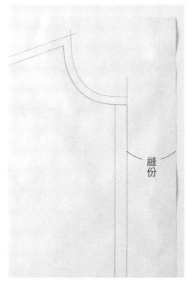

1　在紙型的前端加上縫份並裁剪。

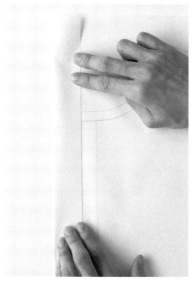

2　如圖三摺邊成完成狀態。

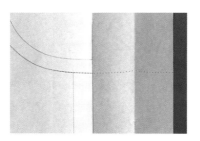

4　展開摺疊處。

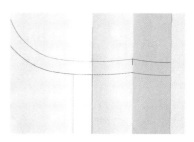

5　沿著點線器留下的記號畫線，平行加上縫份的寬度即可。

3　利用點線器在領圍部分留下記號。

加上縫份

◎有接縫幅片的袖襱

由於有時會因整燙方向不同而產生縫份不足的情況，因此在重疊縫製時，應該特別注意。

袖口、下襱處等帶有鈍角處的摺疊份，也應留意。

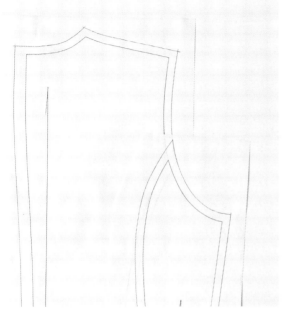

1 與完成線平行加上縫份。

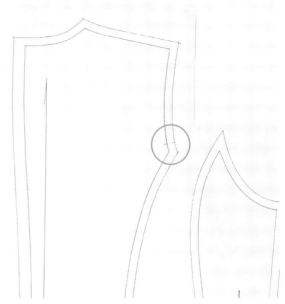

2 注意袖襱縫份。

3 摺疊縫份處，利用點線器留下記號。

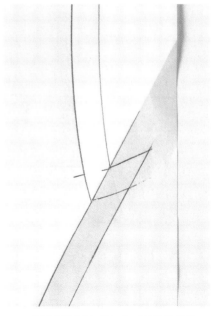

4 沿著點線器留下的記號，重新增加縫份。

裁剪紙型

縫份完成後，就是裁剪作業了。

進行裁剪時，注意剪刀、美工刀的刀刃必須與紙面呈垂直狀態。

◎以剪刀裁剪

◎以美工刀切割

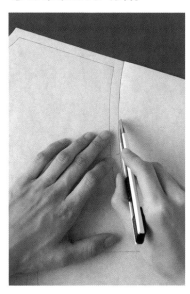

◆剪紙專用剪刀

專門用來剪紙的剪刀，要與剪布專用的剪刀分開使用。

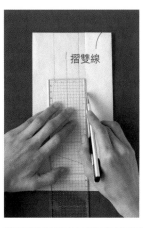

摺雙線

進行較小的紙型切割時，由於有摺雙線，如果直接裁剪，容易兩邊尺寸不均等。因此在製作衣領等小區塊時，可先對摺紙張上的摺雙線，再加以裁剪製成紙型。

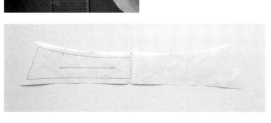

◆美工刀

用來切割、削尖物品的工具，可以替換刀片。

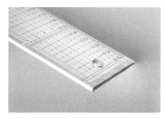

◆切割尺

進行切割作業時，刀刃必須與直尺緊靠，因此選用不鏽鋼材質的切割尺，可避免尺面被刀刃損傷。

加上縫份

畫 縫 份 的 方 便 小 訣 竅

在直尺上描出經常使用的縫份寬度線，
製成專屬於自己的「My Ruler」！

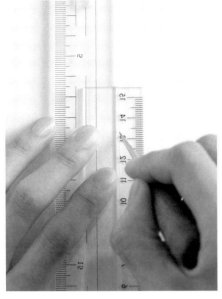

1 以錐子在一般的直尺內側上刻出一條細細的溝槽。

2 以水性筆在溝槽上描繪、上色。

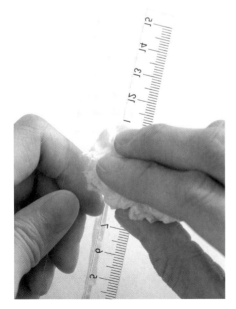

3 擦掉線段外的水性筆墨水。

4 「My Ruler」製作完成。

裁 剪

所謂「裁剪（cutting）」，指的是切割布料。

正確地裁剪，能讓縫製更加順利，堪稱是縫紉前最重要的程序之一。

依不同的布料花色進行排布，有許多需要留意的地方，

此外，享受不同花樣的設計，也是一大重點！

若裁剪得俐落漂亮，縫製時也會因此順利又開心喔！

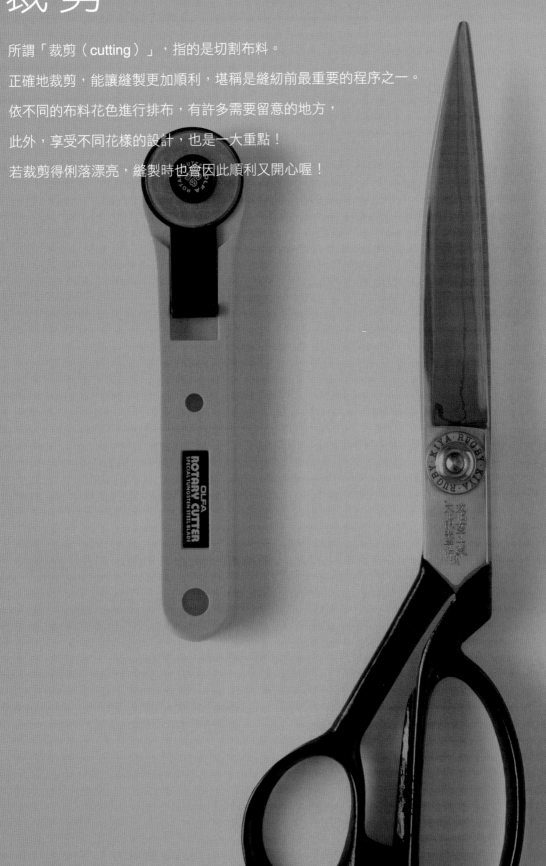

工具

這些都是可以讓縫紉更方便的道具喔！

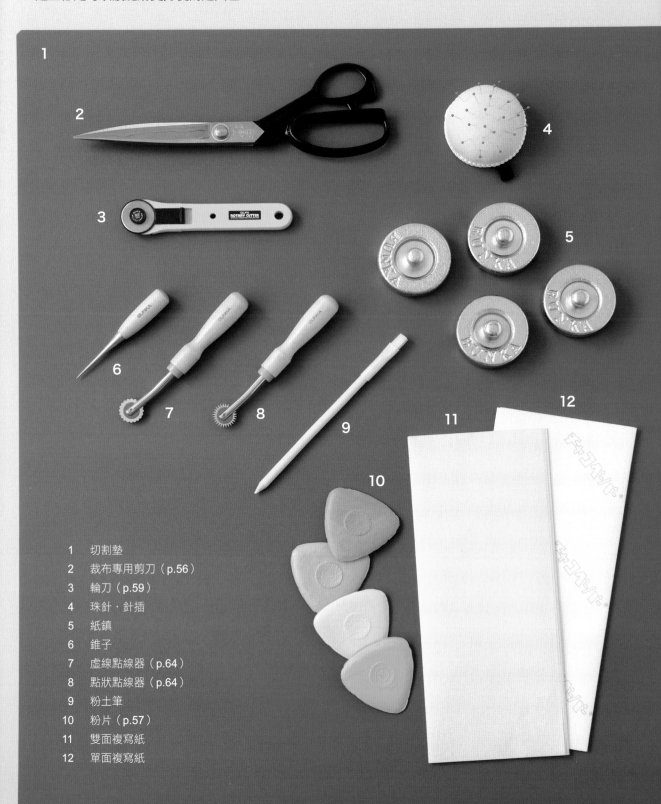

1　切割墊

2　裁布專用剪刀（p.56）

3　輪刀（p.59）

4　珠針・針插

5　紙鎮

6　錐子

7　虛線點線器（p.64）

8　點狀點線器（p.64）

9　粉土筆

10　粉片（p.57）

11　雙面複寫紙

12　單面複寫紙

整理布紋

若布料的直向、橫向織紋沒有呈現水平垂直的模樣，必須在裁剪前先進行布紋的整理工作。
要是在布紋歪斜的情況下直接裁剪，容易在作品縫製完成後產生變形的狀況，
因此要利用熨斗確實地整燙。

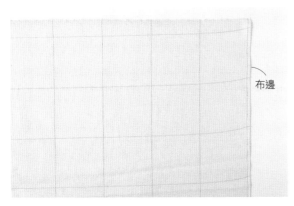

布邊

1 　靠近布邊處的織紋呈現歪斜狀態。

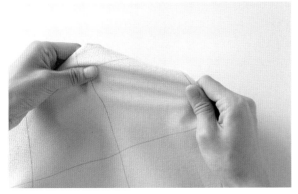 

2 　利用手的拉力，將布紋往歪斜的相反方向拉扯，稍作整理。

 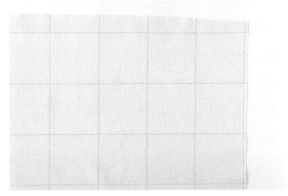

3 　接著以熨斗燙壓，使其穩定。

4 　布紋整理完成的樣子。

布料的疊合方式

若紙型左右對稱，可將布料疊合後裁剪。

對齊布料

◎背面相對疊合

將布料的正面朝外，背面相對疊合。

◎正面相對疊合

意指將布料的背面朝外，正面相對疊合。

將布料對摺

◎寬邊對摺

將左、右兩邊的布邊對齊後，對摺起來。

摺雙線　布邊

◎長邊對摺

如圖將左、右兩邊的布邊分別對齊、疊合，加以對摺。

布邊　布邊

摺雙線

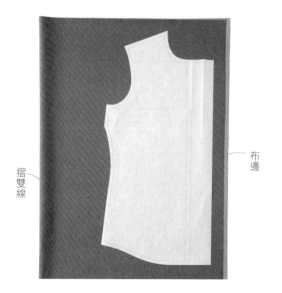

摺雙線

布邊

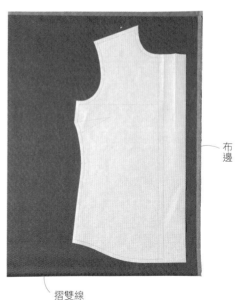

布邊

摺雙線

疊合布料的注意事項

裁剪布料時，應先讓布面呈現沒有縐褶的平整狀態。

將布料疊合後，可以同時整理兩片布，如此可避免產生錯位的問題。在處理針織布料時要特別留意這一點喔！

1　將兩片布料疊合，表面有許多縐褶。

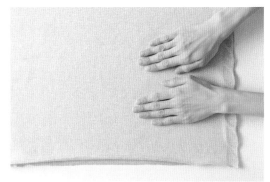

2　以手掌推壓，將布面整平。

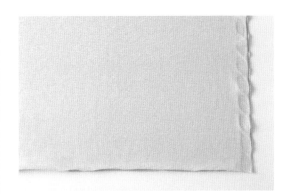

3　整平後的狀態。

如果只有撫平表面……

如果只有撫平上面的布料，裁剪時將會產生錯位的問題。

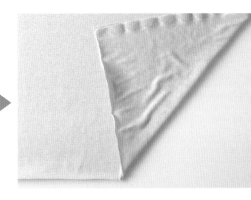

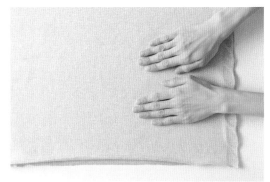

排布

為了避免裁剪時發生錯誤、或是造成布料的浪費，在裁布前，必須確認紙型的配置及擺放位置。
若瞭解布料的用量，在購買前就能事先知道必要的尺寸了。

排布的範例

由於布料一經裁剪就無法重新來過，因此在進行前，請務必先將紙型排列在布料上進行確認。

◎紙型同方向擺放後進行裁剪

襯衫(以一片布料裁剪)

展開一片布料後擺放紙型，皆以同方向擺放。

裙子(疊合布料裁剪)

摺雙線

依紙型需要的寬度錯開摺疊，使紙型同方向擺放。

褲子(疊合布料裁剪)

摺雙線

對摺布料，使紙型同方向擺放。

Point : 從大面積的紙型開始配置。
依序為：前・後衣身 ⟶ 袖子 ⟶ 衣領等。

◎紙型以不同方向擺放後進行裁剪（交叉擺放） ※僅適用於無方向性的布料。

襯衫(以一片布料裁剪)

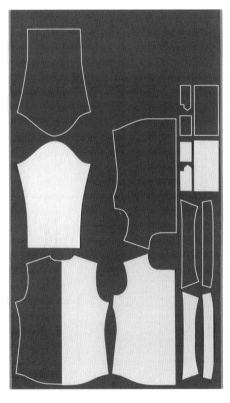

展開一片布料，將紙型交叉擺放。

襯衫(疊合布料裁剪)

對摺布料，將紙型交叉
擺放。

摺雙線

褲子(疊合布料裁剪)

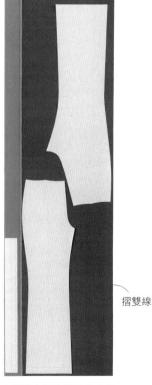

摺雙線

布料保留腰帶的部分後其
餘對摺，再將紙型交叉擺
放。

裙子(疊合布料裁剪)

摺雙線

布料保留腰帶的部分後
其餘對摺，再將紙型交
叉擺放。

布料花樣與方向

針對大面積、具有方向性的圖案，或是表面帶有毛料或光澤的布料，
都必須讓紙型的上、下兩端對齊為同一方向，再進行裁剪。

大圖案

處理大圖案的布料時，必須留意不破壞圖案的完整度，對齊後加以裁剪。

直條紋・邊框紋

若直條紋、橫條紋這類的布紋有些許的歪斜，看起來就會非常明顯，因此必須特別注意。
若花紋有方向性，就不適合以交叉方式放置紙型。

有方向性的直條紋

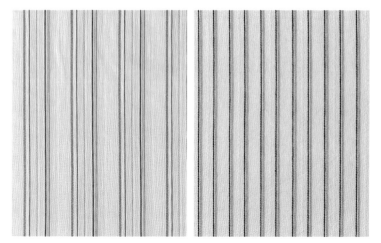

有花樣的邊框紋

每隔幾條橫紋就插入花樣。

格紋

選用大格紋的布料時，若花紋有些許的歪斜，看起來就會非常明顯，因此必須確實對齊格紋後再裁布。
若花紋有方向性，就不適合以交叉方式放置紙型。

有方向性的格紋

毛料布

由於多數的毛料布帶有光澤，也會依方向改變而產生不同的顏色，
因此要使紙型同方向擺放再裁剪。將布料往縱向撫平，
呈現平順方向的稱為「順毛」，有些粗糙感的方向則稱為「逆毛」。
順毛方向偏淺色，逆毛方向則偏深色。

布料花樣與方向

【燈芯絨】

【棉絨】

【絲絨】

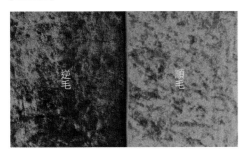

對齊圖案的範例 ※此襯衫是使用前衣身有尖褶的版型。

進行對齊圖案、疊合布料裁剪的作業時，有許多需要留意之處。若擔心發生失誤，可一片一片地裁剪。

◎大圖案

由於大圖案十分醒目，因此要考慮呈現的位置，再進行排布。

Point : 將圖案的中心對齊衣身的中心線，使左、右兩邊的圖案拼接起來。

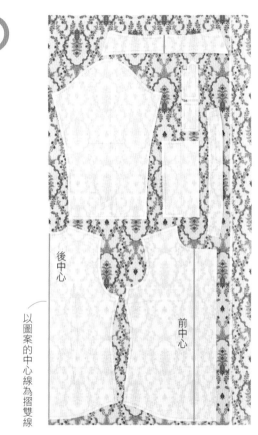

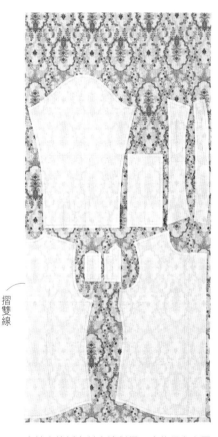

先以圖案的中心線為摺雙線，將布料對摺，使成品的圖案能夠左右對稱。上片領的圖案，必須左右對稱，要將紙型擺放在合適的位置。

由於直接以布料寬邊對摺，會使得左右圖案無法對稱。左右的衣領圖案也不相同。

衣身中心與圖案中心確實吻合。

左右圖案對稱。

衣身中心與圖案中心不吻合。

左右不對稱。

整體看起來俐落大方。

圖案的位置缺乏統一性，
看起來也十分雜亂。

◎格紋

選用大格紋的布料，在縫合脇邊線等位置時，要小心別讓圖案產生過於顯著的差異，將其對齊後加以裁剪。配色簡單大方的圖案，可以讓我們充份享受設計的樂趣。

Point：將格紋的中心對齊衣身的中心線，使縫合位置的圖案能夠拼接起來。

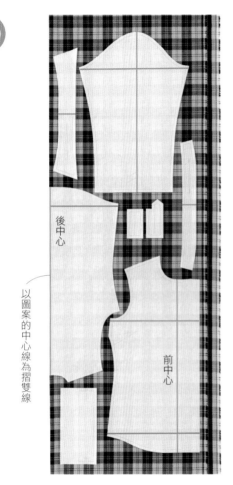

以圖案的中心線為摺雙線

後中心

前中心

摺雙線

先以圖案的中心線為摺雙線，將布料對摺，使格紋能夠左右對稱。將縱向的圖案中心對齊衣身的中心線，並拼接前後衣身及袖子的橫向花樣。由於前脇邊有尖褶設計，因此處理橫向圖案布片時，要將圖案對齊脇邊線的下襬。

對摺後，由於摺雙線的部分並沒有與圖案的中心對齊，不僅後中心的圖案錯位，左右兩邊也無法對稱。

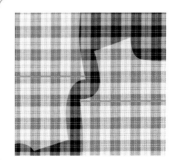

若脇邊線上沒有尖褶，就將橫向格紋對齊在袖底位置上。

衣身中心與圖案中心吻
合，圖案也左右對稱。

整體視覺效果較顯眼，
腰線較高，衣領位置也
能被清楚地看見。

左右袖口布的圖案位置
統一。

衣身中心與圖案中心
不吻合，圖案也無法
左右對稱。

整體圖案看起來十分
混亂，缺乏俐落感。

左右袖口布的圖案位
置不同。

從前尖褶下方開始的
脇邊線，其前後的圖
案統一。

從前尖褶下方開始的脇
邊線，其前後的圖案並
不統一。

◎有方向性的直條紋

選擇圖案有方向性的直條紋布料時,要使紙型以同方向擺放。
若以交叉方式排列,將使方向性有所改變。

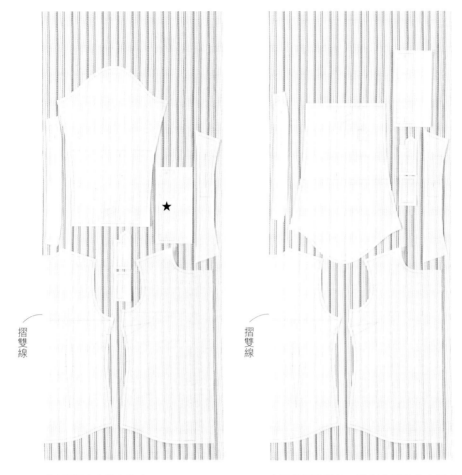

使紙型同方向對齊排列。

★袖口布不必裁雙,而是對齊左右兩邊的
　袖口花樣,一片一片地進行裁布。

交叉放置的袖子,將產生圖案方向相反
的問題。

左右袖口布的圖案位置相同。

左右袖口布的圖案位置不同。

衣身及袖子的圖案方向一致。

衣身及袖子的圖案方向有所差異。

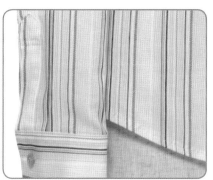

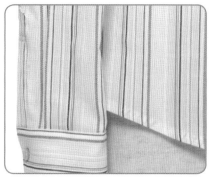

◎有方向性的格紋

選用圖案有方向性的格紋布料時，要使紙型以同方向對齊排列。

當縫合位置的圖案確實對齊，就能展現俐落大方的感覺。

此外，由於有些布料難以分辨正背面，縫製時要特別小心別弄錯囉！

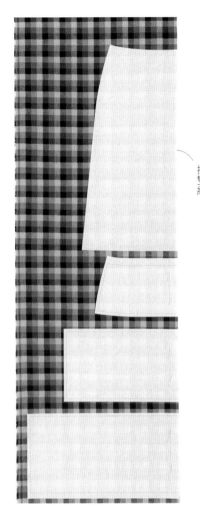

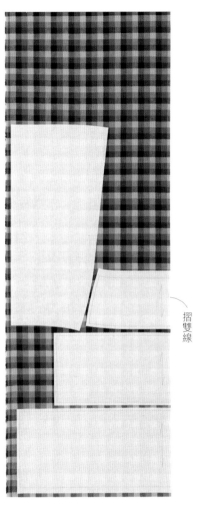

摺雙線

摺雙線

紙型以同方向對齊排列，讓圖案有如持續接合一般地對齊縫合位置，將各片紙型排放在布料上。

若讓紙型交叉排列，後裙片將會產生圖案走向相反的問題。

圖案方向一致，拼接位置的圖案也確實接合。

中段處圖案呈相反方向，使得整體視覺頭重腳輕，縫合後的方向性也產生差異。

前後片的圖案也一致。

前後片的圖案方向混亂，圖案也無法接合。

◎棉絨

選用有絨毛的素材，必須將絨毛全部統一為順毛或逆毛的方向。
排布時，通常是以逆毛方向來進行。

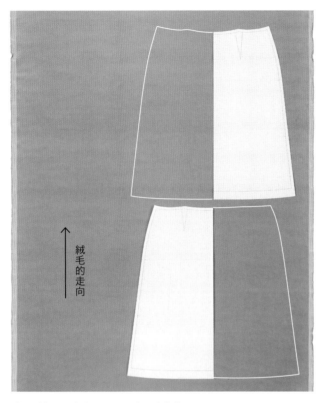

絨毛的走向

將紙型朝同一方向配置，一片一片裁剪。

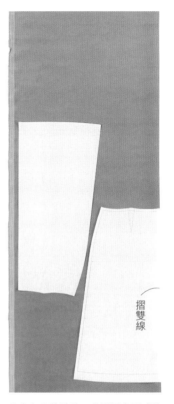

摺雙線

後中心有接縫線，若選用交叉式的配置方法，能利用的尺寸會變少，前、後片的絨毛走向亦將產生差異。

前後的絨毛走向一致。

前片為逆毛，後片為順毛。由於前、後片的絨毛走向有所差異，連顏色看起來都顯得不同。

裁剪絨毛較長的布料

選用絨毛較長的人造毛皮素材時，
不僅要在排列紙型時以同方向擺放，裁剪時也應特別留意。
要小心別將毛料剪壞，僅裁剪基底布部分即可。

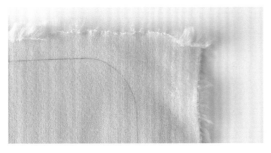

1　在背面描繪裁切線。

2　使用剪刀的前端，稍微將布料挑起，往前裁剪基底布。

如果連同絨毛一起裁剪……

3　不僅毛屑較少，也能完整保留絨毛。

不僅毛屑較多，邊緣的絨毛也遭到破壞。

裁剪刷毛布時，作法也相同

針對背面有刷毛的棉織布料，紙型應先上下對齊以同方向裁剪較佳。
雖然無法從外觀看到，但穿著時一定能體會其中差異！

背面的刷毛有方向性。

裁剪布料

使用已畫出縫份的紙型,進行裁剪。

|利用裁布專用剪刀裁剪

◎以珠針固定紙型,再進行裁剪

Point : 僅適合可利用珠針固定的布料,較厚的布料則不適用。

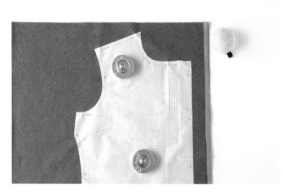

1 　對齊布料及紙型的布紋線,以珠針固定。

2 　利用裁布專用剪刀,沿著紙型邊緣進行裁布。

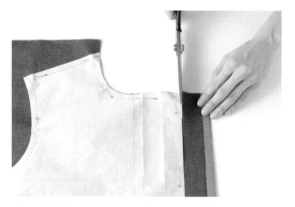

3 　盡量不讓剪刀離開作業平台,布料保持平放。

◆**裁布專用剪刀**

選用可裁剪毛織物的款式,或是專門用來剪布的剪刀,一般長度為22至24cm。裁布剪刀應與剪紙專用的剪刀分開使用。

◎描繪裁切線，再進行裁剪

若選擇較厚的布料，以珠針固定時，容易造成布面浮凸而無法維持平整，
這時可先描繪裁切線，再移除紙型進行裁剪。

Point：在布料的背面標註記號，再將正面相對疊合進行裁剪。

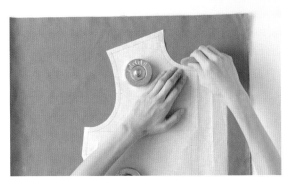

1 對齊紙型及布料的布紋線，以紙鎮固定，再以粉片描繪裁切線。

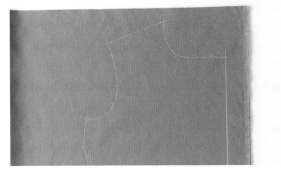

2 合印記號等都標註完成後，移開紙型。

3 為了避免布料移動，先在裁切線邊緣別上珠針固定，再進行裁剪。

4 裁剪時，應沿著線框的內側，將記號都剪去。

◆粉片
粉片含有滑石粉，用於標註記號。

利用輪刀裁剪

利用輪刀進行裁剪，可以避免用剪刀裁剪時造成的布面浮凸問題，讓成品精確而美觀。

1 對齊紙型及布料的布紋線。

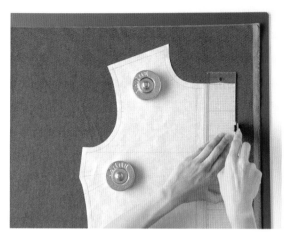

2 以紙鎮固定避免移動。直線部分以直尺靠緊，漂亮地切割。

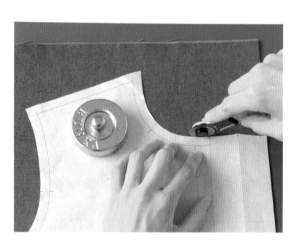

3 至於曲線部分，則沿著紙型邊緣，一點一點地切割。

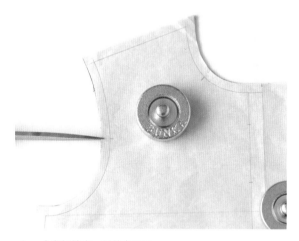

4 合印記號處，則剪出牙口。

【牙口】
在縫份上，往內剪開的數個小型缺口（長度約0.3至0.4cm）。

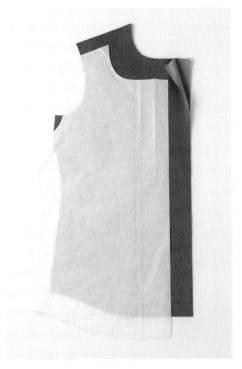

5 　完成。

◆輪刀&替換刀片

以滾動方式進行切割的圓型刀刃工具，圖示為直徑28mm的款式。不只用於布料或紙張，連薄橡膠板、底片等較難切割的素材，也能輕鬆地處理。

遇 到 這 種 情 況 時 ……

利用輪刀進行切割，可以避免以剪刀裁剪造成的布面浮凸問題，
因此特別適用於裁剪疊合後的輕薄布料（如烏干紗、薄紗、裡布等）。

以紙鎮固定紙型，避免移動，再進行裁剪。

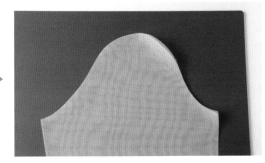

如此一來就不須移動布料，即可直接漂亮地切割出同樣尺寸的布片。

裁剪黏著襯

熨燙黏著襯時，可先裁剪後貼上，或貼上再進行裁剪。

|部分貼襯

◎製作貼襯部分的紙型並裁剪

1　在表衣身的紙型上畫出要貼襯的部位。

2　確認貼襯的位置，疊上一張白報紙描繪紙型。

3　黏著襯的紙型作好了。

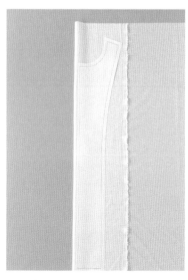

4　對齊紙型及黏著襯的布紋線，進行裁剪。

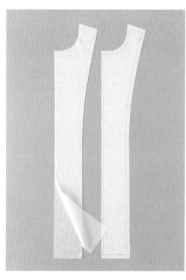

將黏著襯燙貼在表布的背面。

◎直接以表布（衣身）的紙型裁剪

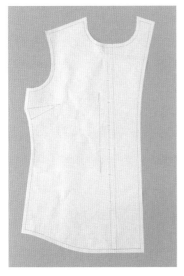

1 利用表衣身的紙型，確認貼襯的位置。

2 將表衣身的紙型，放置在已確認貼襯寬度的黏著襯上。

3 利用複寫紙，在紙型內側的貼襯位置上進行描邊。

4 接著利用粉片描繪外側的裁切線。

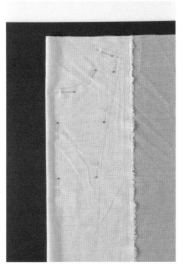

5 將黏著襯以珠針固定後裁剪。

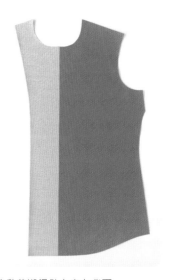

將黏著襯燙貼在表布背面。

裁剪黏著襯

全部貼襯

◎分別裁剪表布及黏著襯

與裁剪表布的作法相同,利用紙型來裁剪黏著襯。

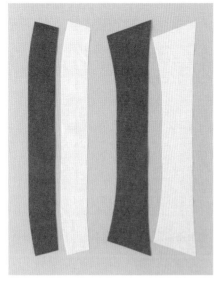

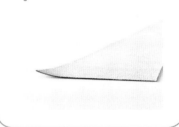

裁剪前,請務必先利用零碎的布片貼襯。由於黏著襯在經過燙壓後,容易產生縮小的情況,因此可先粗裁、燙貼黏著襯後,再進行裁剪。或是順序相反,先進行裁布,再燙貼黏著襯亦可。

1 利用相同的紙型,分別裁剪表布及黏著襯。

2 將黏著襯燙貼在表布背面。

◎粗裁表布與黏著襯,貼襯後進行裁剪

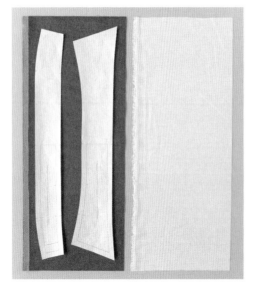

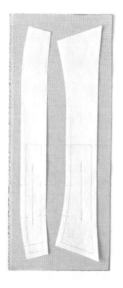

1 分別粗裁表布與黏著襯。

2 將黏著襯燙貼在表布背面,再重新放上紙型。

3 沿著紙型進行裁剪。

標註記號

意指標註出紙型內側的完成線記號。使用粉土筆等工具時，基本上是在布料背面進行繪製。

| 口袋位置

◎在布料背面標註記號

1 將布料背面相對疊合，夾入一張雙面複寫紙。

2 在想要描繪的線上，以點線器標註記號。

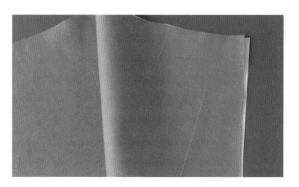

3 布料背面上已標明了口袋位置。

◎在布料正面標註記號

Point : 在作品完成後也不會被看見的位置上標註記號。

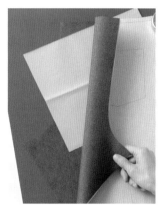

1 將布料正面相對疊合，夾入一張雙面複寫紙。

2 在實際縫紉位置的內側，以點線器標註記號。

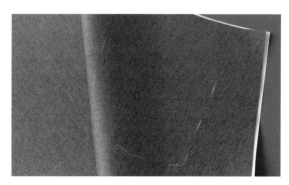

3 布料正面上標註了口袋位置內側的記號。

裁剪黏著襯

標註記號

尖褶位置

◎在布料背面標註記號

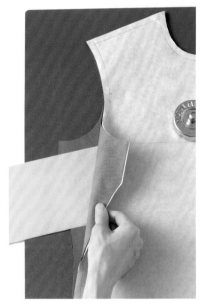

1 將布料背面相對疊合，夾入一張雙面複寫紙。

2 以點線器標註記號。

3 邊緣剪出牙口。

◆點線器

在繪製紙型，或想在布料的雙面標註記號時，都可使用點線器來協助作業；而在布料上標註記號時，還會搭配複寫紙一起進行。

虛線點線器

對布料不易造成傷害。適合用在薄布料不搭配複寫紙的情況。

點狀點線器

比起虛線點線器，點狀點線器更能標註銳利而清晰的記號。若選用的是材質輕薄、脆弱的布料，可在布邊稍微試用看看再實際操作。

◎不使用複寫紙來標註記號

適合選用質地輕薄、顏色偏淺白的布料時,不想利用複寫紙來協助作業的情況。

1 利用點線器留下記號。

2 在尖褶的褶尖點,以錐子進行戳刺。

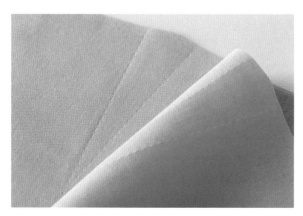

3 若事先以粉土筆在尖褶褶尖點畫記,將能利於後續作業的進行。

利用不含縫份的紙型進行裁剪

若使用的是不含縫份、僅有完成線的紙型，就必須在布料上描繪縫份框線，再進行裁剪。

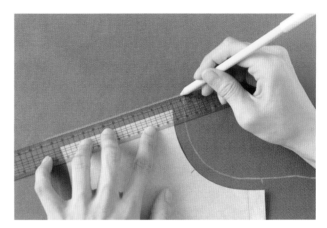

2 在完成線外圍取必要的縫份寬度，描繪出裁切線。

1 對齊布料及紙型的布紋線，以紙鎮固定避免移動。

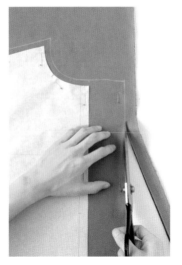

3 繪製合印記號備用。

4 以珠針固定布料避免移動，再進行裁剪。

5 完成。

想描繪完成線時 ※除了運用複寫紙之外的其他標註記號方法

◎線釘法

運用疏縫線，進行記號的標註作業。

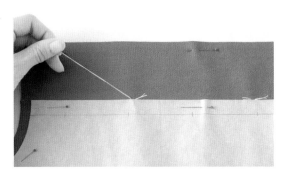

1 取兩條疏縫線，一邊留下線腳，一邊取出間隔，在想要標註記號的部分穿線。

上側　　　　　　　　　下側

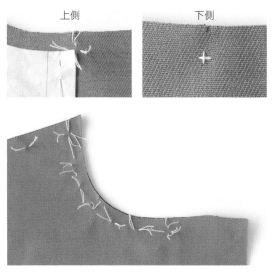

2 轉角處打十字處理，曲線處則細膩地穿線固定。

3 接著在兩片布料中間剪開疏縫線，並注意不讓線段脫落。

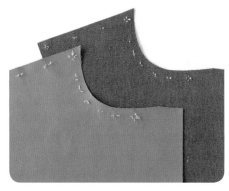

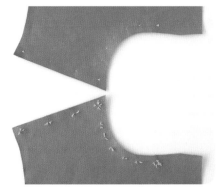

標註記號

布邊不夠平整時

可在布邊上剪牙口，使其布面穩定後，再進行排布。

布邊不平整的樣子。

在不平整的部分，每隔1至1.5cm左右，就往內剪入一個1cm以內的牙口。

剪牙口之後，布邊即能呈現平整狀態。

疊合兩片格紋布後，再加以裁剪時

為了不讓花樣的接合錯位，可每隔數個格紋花樣進行一次疏縫，加以固定。

疏縫

疏縫

（上側）

（下側）

（內側）

紙型的修正

若原寸紙型中沒有想要的尺寸，

或想要稍微改變其尺寸時，可在裁剪前先進行紙型的修正。

在不破壞設計及整體平衡的前提下，進行各種尺寸的修正。

能夠自己修改附錄的紙型，

作出專屬於自己的版型，也是手作的樂趣之一喔！

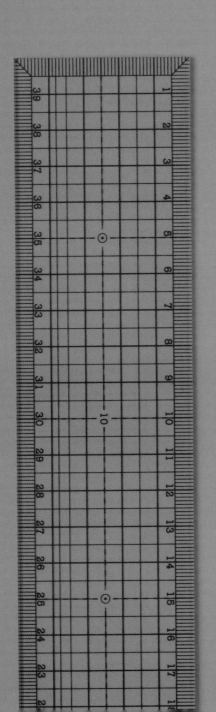

關於尺寸

多數的紙型都是以「9AR」尺寸來製作的。
所謂「9AR」，指的是利用JIS（日本工業規格）尺寸，
定義日本成人女子標準體型的一種方式。

「R」，是用來表示身高的記號，

R ·········· 身高 158cm
P ·········· 身高 150cm
PP········· 身高 142cm
T ·········· 身高 166cm

如此加以區隔。

在因身高不同而想修改衣長時，若也能考慮配合這個標
準尺寸，即可在確保整體平衡的狀態下，進行尺寸的修
正。
關於寬度，通常可增減3至4cm，若想要的紙型真的與
尺寸表不符⋯⋯
這時，可在不破壞設計的前提下，製作更符合需求的紙
型。以下就是各種尺寸修正方式的步驟解說。

紙型完成尺寸（單位：cm）							
	（尺寸）	5	7	9	11	13	15
上衣	胸圍	87	90	93	96	99	102
	衣長	61	61.5	62	62.5	63	63.5
	肩寬	34.5	35.5	36.5	37	38	38.5
	袖長	57	57.5	58	58.5	59	59.5
裙子	腰圍	62	65	68	71	74	77
	臀圍	88	91	94	97	100	103
	裙長	58.6	58.8	59	59.2	59.4	59.6
褲子	腰圍	62	65	68	71	74	77
	臀圍	89	92	95	98	101	104
	股上	24.4	24.7	25	25.3	25.6	25.9
	股下	75	75	75	75	75	75

參考用身體尺寸						
（尺寸）	5	7	9	11	13	15
胸圍	77	80	83	86	89	92
腰圍	60	63	66	69	72	75
臀圍	85	88	91	94	97	100

長度的修正

|改變衣長

◎在下襬線上修正衣長

在不影響下襬線條的情況下改變衣長，
必須平行沿著下襬線，進行尺寸的增減。

基本紙型

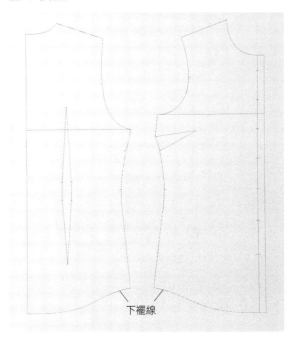

下襬線

● 增加衣長

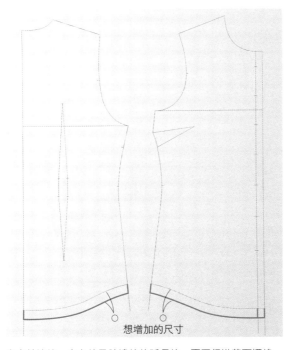

想增加的尺寸

畫出前端線、中心線及脇邊線的延長線，再平行沿著下襬線，
畫出新的下襬線。

● 縮短衣長

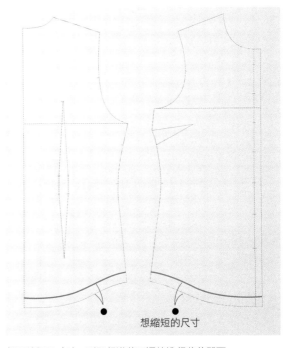

想縮短的尺寸

想要縮短尺寸時，則平行沿著下襬線進行裁剪即可。

◎在衣長的中間處修正長度

因身高關係而有衣長不合的情況時，可在下襬線及衣長的中間這一段距離上，進行
分散式的長度增減。

增減1cm是能夠調整的範圍，作法是在紙型的中間剪開，進行修正（衣長的修正）。

若衣服在腰線上有伸縮設計，亦可在維持整體平衡的前提下，進行尺寸修改。

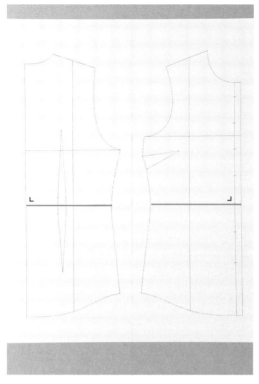

1 在前、後片的相同位置上，畫一條與布紋線垂直的線，使得紙型的腰線、合印記號或較為狹窄處更為明顯。

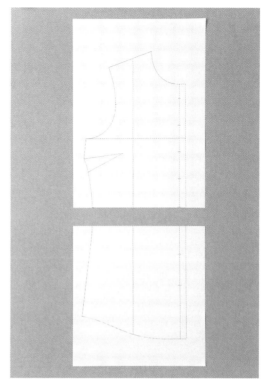

2 剪開紙型。

拼合紙型時

剪開紙型時，在中間夾入一張畫了平行線的紙，再利用隱形膠帶分別貼合。

如此一來，不僅紙張不易錯位，膠帶上亦可進行文字書寫。

◆隱形膠帶

是霧面的透明膠帶。由於貼在文字上後，還能在膠帶上寫字，因此也可以當作修正帶來使用。

●身高較高，想增加衣長

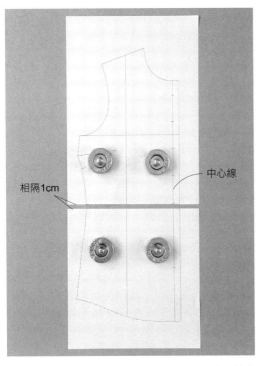

相隔1cm

中心線

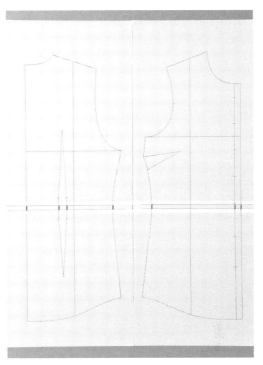

3 在中間處剪開，兩片紙型相隔1cm，要小心不讓中心線移動。

4 補足紙型隔開部分的線段，並重新繪製脇邊線，使其確實連接。前、後衣身的作法相同。其餘想要增加長度的部分，則在下襬線進行調整。

●身高較矮，想縮短衣長

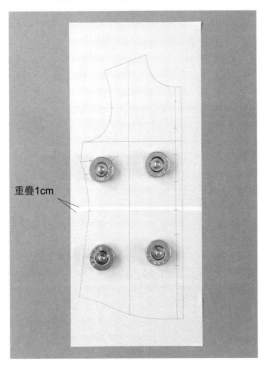

重疊1cm

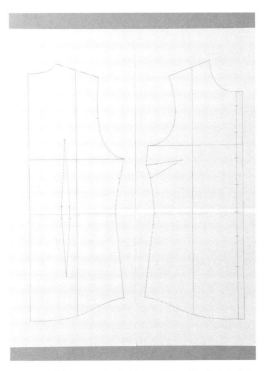

3 在中間處剪開，兩片紙型重疊1cm，要小心不讓中心線移動。

4 重新繪製脇邊線，使其確實連接。前、後衣身的作法相同。其餘想要縮短長度的部分，則在下襬線進行調整。

改變袖長

◎利用袖口線修正袖長

沿著袖口線，平行增加或縮減尺寸。

基本紙型

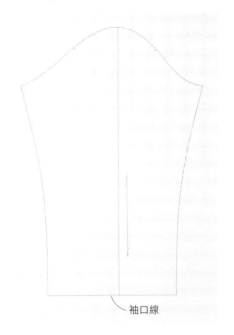

袖口線

●增加袖長

想增加的尺寸

延長袖下線，沿著袖口線平行地補上想增加的尺寸。

●縮短袖長

想縮短的尺寸

想縮減尺寸時，沿著袖口線平行地裁剪即可。

◎在袖長的中間處修正長度

當無法改變袖口尺寸、袖口有抓縐設計、或是還有空隙處時，
可剪開袖子的中間處，增加或縮減尺寸。

基本紙型

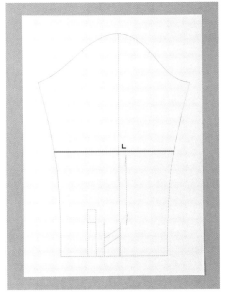

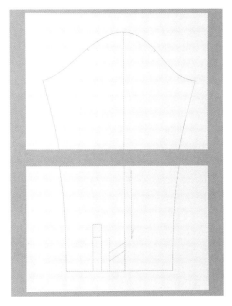

1 在EL（肘線）或袖長的中間處，畫一條與布紋線垂直的線。

2 剪開紙型。

●增加袖長

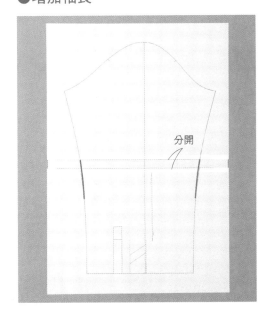

分開

隔出想要增加的尺寸，要小心不讓中心線移動，再補上紙型的線條。接著重新繪製袖下線，使其能夠平順地連接。

●縮短袖長

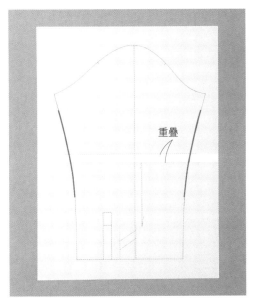

重疊

重疊想要縮減的尺寸，要小心不讓中心線移動，接著重新繪製袖下線，使其能夠平順地連接。

改變裙長

◎利用下襬線修正裙長

修正裙長時，僅能利用下襬線進行。方式是沿著下襬線，平行地增減尺寸。
不過若增加、縮減的尺寸過大，也必須修正下襬寬度，這一點必須特別留意。

基本紙型

下襬線

●增加裙長

想增加的尺寸

畫出中心線及脇邊線的延長線，再平行沿著下襬線增加
其長度，前、後裙片的作法相同。

●縮短裙長

想縮短的尺寸

想要縮減長度時，平行沿著下襬線進行裁剪，前、後裙
片的作法相同。

改變褲長

◎利用下襬線修正褲長

沿著下襬線，平行地增加、縮減想要改變的尺寸。

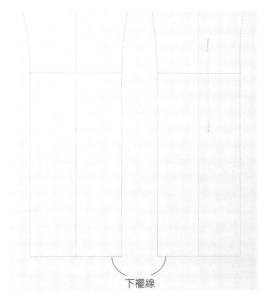

基本紙型

下襬線

●增加褲長

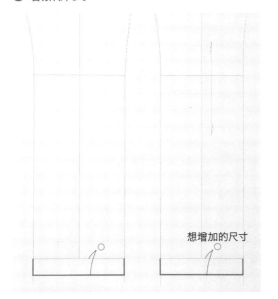

想增加的尺寸

畫出脇邊線及股下線的延長線，再平行沿著下襬線增加
其長度，前、後褲片的作法相同。

●縮短褲長

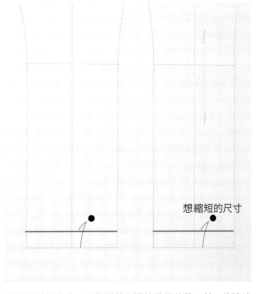

想縮短的尺寸

想要縮減長度時，平行沿著下襬線進行裁剪，前、後褲片
的作法相同。

◎在褲長的中間處修正長度

若褲子的膝蓋處比較合身，或是不想改變整體輪廓時，
可剪開褲長的中間處，增加或縮減想要改變的尺寸。

基本紙型

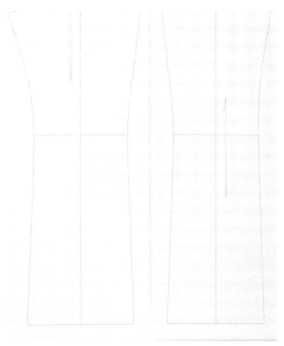

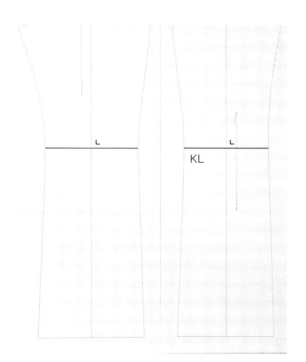

1 在KL（膝蓋線）或股下線的中間處附近，以紙型略往
內縮處為對齊標準，畫一條與布紋線垂直的線。

2 剪開紙型。

●增加褲長

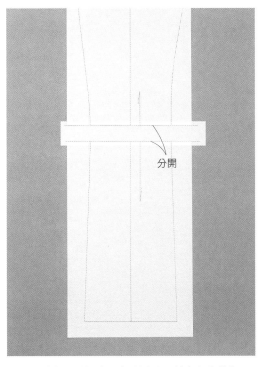

分開

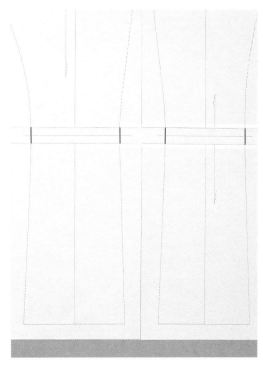

3 隔出想要增加的尺寸,並小心不讓中心線錯位,再
將線條補滿。

4 重新繪製線條,使其能夠平順地連接。前、後褲片
的作法相同。

●縮短褲長

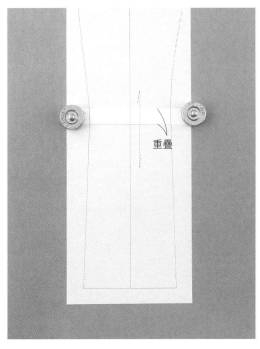

重疊

3 重疊想要縮減的尺寸,並注意不要移動中心線,再
以紙鎮固定。

4 重新繪製線條,使其能夠平順地連接。前、後褲片
的作法相同。

寬度的修正

依想要改變的尺寸，分散各個需要修正的地方。

改變衣身寬及袖寬

◎利用脇邊線修正衣身寬度

為了不破壞衣服的整體平衡，
可修正的尺寸以4cm為上限，要與脇邊線平行
進行增減。
若想要修正的尺寸超過4cm，可在衣身寬的中
間處進行修正（P.86）。
若衣服有袖子，袖寬亦需要進行修正（P.84）。

●增加衣身寬度

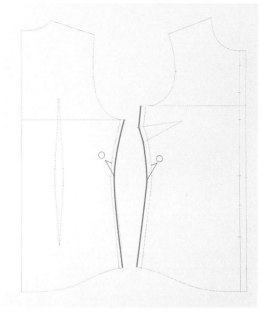

1 以全體要修正尺寸的1/4＝○（最大為1cm）為長
度，與脇邊線平行進行增加。並事先延長尖褶線
備用。

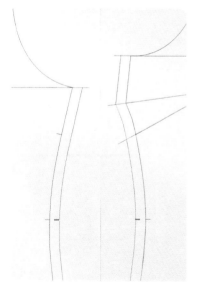

新的尖褶位置合印
記號

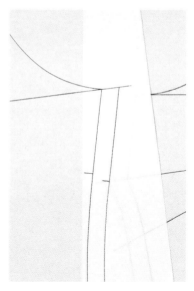

2 在腰部加入合印記號，並以合印
記號為基準，確認紙型的正確
度。

3 疊合前、後衣身的脇邊線，確認
尺寸。由於此範例含有尖褶，因
此要在後脇邊線上增加新的尖褶
位置合印記號。

4 從尖褶開始，與上脇邊線確實拼
合對齊，確認至袖底為止的尺
寸。

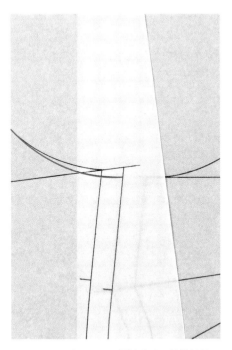

5 對齊尺寸，重新繪製袖襱線，使其能夠平順地連接。

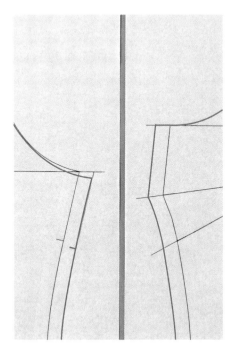

6 從袖襱線開始繪製的新脇邊線。

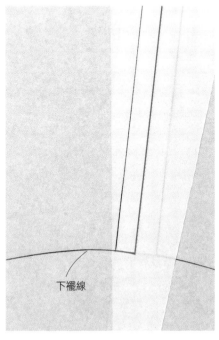

下襱線

7 同時確認從腰線到下襱的尺寸，若無法平順接合，就重新繪製下襱線。

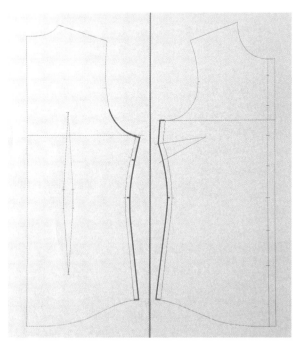

8 完成。

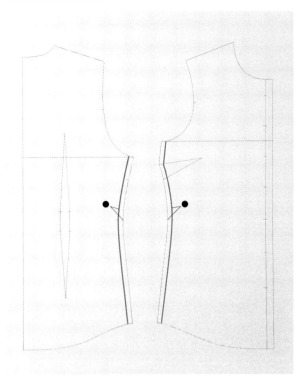

1 　以全體要修正尺寸的1/4＝●（最大為1cm）為長度，與
　　脇邊線平行進行裁剪。

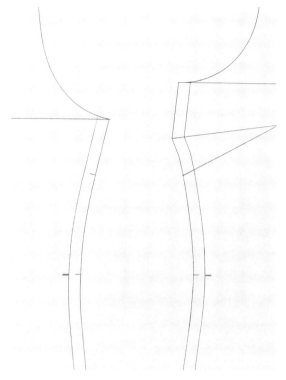

2 　在腰部加入合印記號，並以合印記號為基準，確認紙
　　型的正確度。

新的尖褶位置合印
記號

3 　疊合前、後衣身的脇邊線，確認尺寸。由於此範例含
　　有尖褶，因此要在後脇邊線上增加新的尖褶位置合印
　　記號。

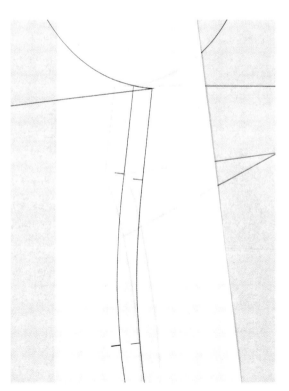

4 　從尖褶開始，與上脇邊線確實拼合對齊，確認到袖底為
　　止的尺寸。

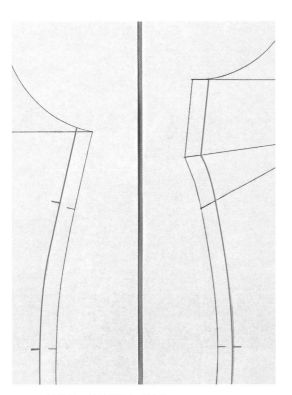

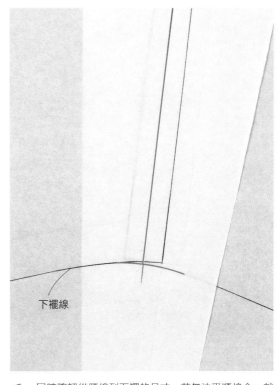

下襬線

5 　從袖襱線開始繪製的新脇邊線。

6 　同時確認從腰線到下襬的尺寸，若無法平順接合，就
　　重新繪製下襬線。

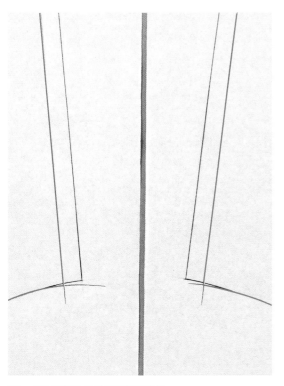

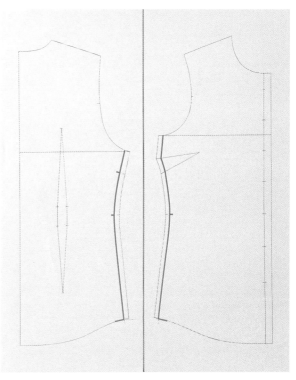

7 　從下襬線開始繪製的新脇邊線。

8 　完成。

◎利用袖下線修正袖寬

改變衣身寬時，同時修正袖寬。
袖口寬度應保持在衣身改變尺寸的1/2內，方能維持其整體平衡。

●衣身寬度增加後

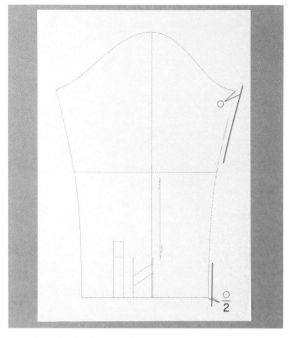

1　袖底處增加的尺寸，應為衣身寬增加尺寸（○）的1/2，繪製出新的線條。

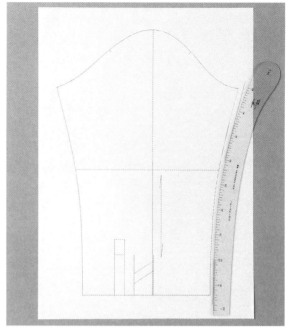

2　重新繪製該線，使其能夠平順地連接。

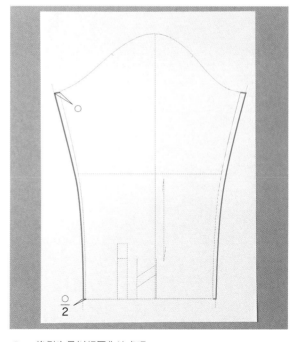

3　後側也是以相同作法處理。

●衣身寬度縮減後

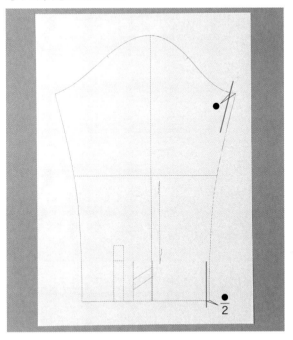

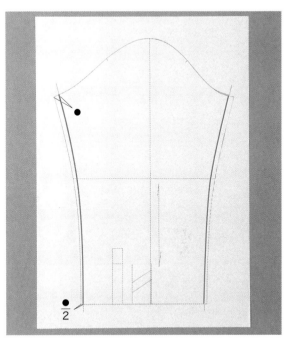

1　袖底處減少的尺寸，應為衣身寬縮減尺寸（●）的1/2，
　　繪製出新的線條。

2　重新繪製該線，使其能夠平順地連接。後側也是以相同
　　作法處理。

◎在衣身寬的中間修正寬度

若想要不變動袖寬，僅修正衣身寬度，就在中間進行調整。
可修正的尺寸以2cm為上限。

※在這種情況下，肩寬亦須作1cm的增減。

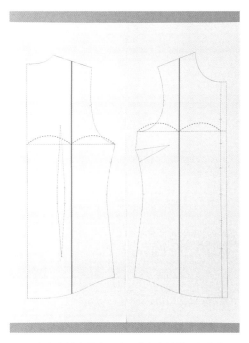

1　在衣身的中間處，畫一條與布紋線平行的線。

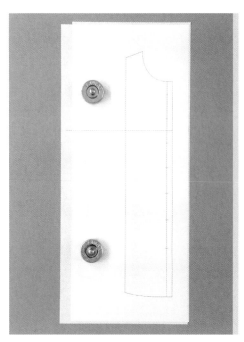

2　繪製中心側的衣身。

●增加衣身寬度

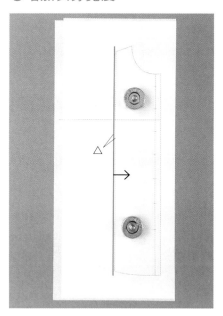

3　在該線外側再平行地畫一條線，其尺寸為整體欲
增加尺寸的1/4＝△（最大為0.5cm），與步驟1的
線相互對齊。

●縮減衣身寬度

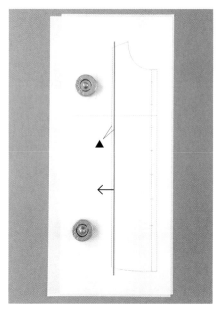

3　在該線內側再平行地畫一條線，其尺寸為整體欲
縮減尺寸的1/4＝▲（最大為0.5cm），與步驟1的
線相互對齊。

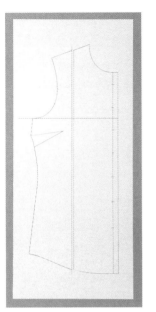

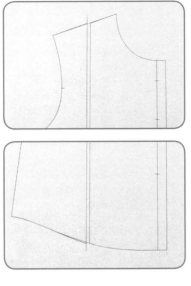

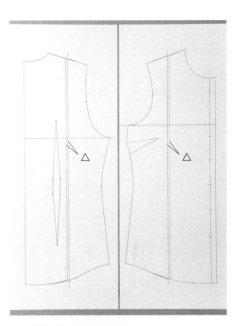

4 描繪脇邊側的衣身，重新描繪肩線及下襬線。

5 前、後片的作法相同。

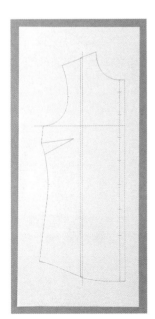

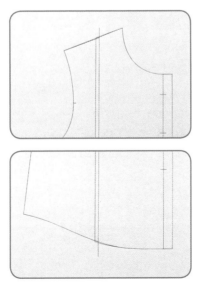

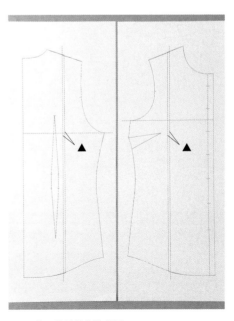

4 描繪脇邊側的衣身，重新描繪肩線及下襬線。

5 前、後片的作法相同。

改變裙寬

◎利用脇邊線修正裙寬

為了不破壞裙子的整體平衡，可修正的尺寸以4cm為上限，
方式是與脇邊線平行進行增減。由於是平行地變更，因此腰圍線及臀圍線也必須
修正相同的尺寸。

若想要修正的尺寸超過4cm，亦可利用中心線來進行修正（P.89）。

脇邊線

●增加裙寬

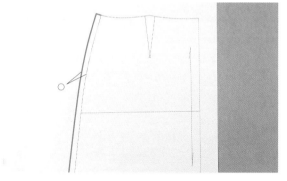

1 以全體要修正尺寸的1/4＝○（最大為1cm）為長度，往
外畫一條與脇邊線平行的線條。

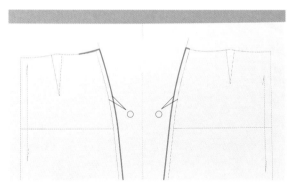

2 前、後裙片的作法相同。

●縮減裙寬

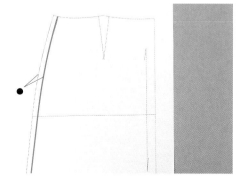

1 以全體要修正尺寸的1/4＝●（最大為1cm）為長度，與
脇邊線平行地進行裁剪。

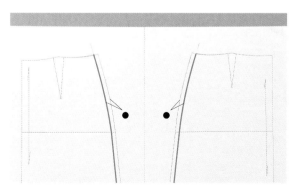

2 前、後裙片的作法相同。

◎利用前後中心線修正裙寬

利用中心線修正時，其尺寸以2cm為上限，
由於是平行地變更，因此腰圍線及臀圍線也必須修正相同的尺寸。

中心線

●增加裙寬

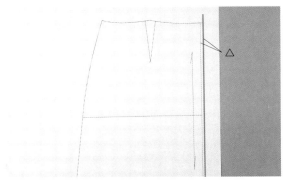

1 以全體要修正尺寸的1/4＝△（最大為0.5cm）為長度，
往外畫一條與脇邊線平行的線條。

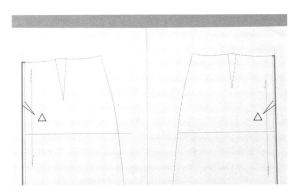

2 前、後裙片的作法相同。

●縮減裙寬

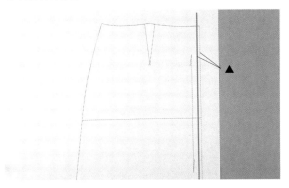

1 以全體要修正尺寸的1/4＝▲（最大為0.5cm）為長度，
與脇邊線平行地進行裁剪。

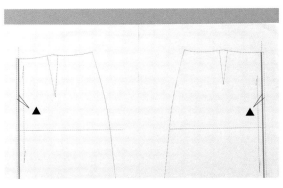

2 前、後裙片的作法相同。

只修改腰圍寬度（裙子有尖褶）

若只修改腰圍寬度時，可進行尖褶的增減。
由於希望修正的尺寸會分散到各條尖褶處，因此依據尖褶的數量，
整體能夠修正的尺寸也將有所差異。以一條尖褶來進行增減的尺寸，
在想要增加裙寬時，上限為0.5cm；在想要縮減裙寬時，上限則為0.3cm。

●增加裙寬

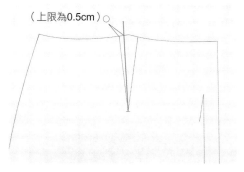

（上限為0.5cm）○

1 ○＝（整體想要增加的尺寸÷尖褶數量）
減少尖褶份量。

2 前後片的尖褶，以相同作法處理。

●縮減裙寬

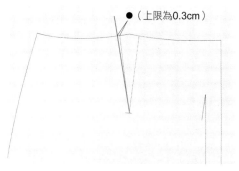

●（上限為0.3cm）

1 ●＝（整體想要縮減的尺寸÷尖褶數量）
尖褶份量增加。

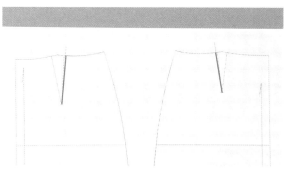

2 前後片的尖褶，以相同作法處理。

改變褲寬

◎利用脇邊線修正褲寬

為了不破壞褲子的整體平衡，可修正的尺寸以4cm為上限，
與脇邊線平行進行增減。由於是平行地變更，因此腰圍線及臀圍線也必須修正
相同的尺寸。
若想要修正的尺寸超過4cm，亦可利用褲寬的中間處進行修正（P.92）。

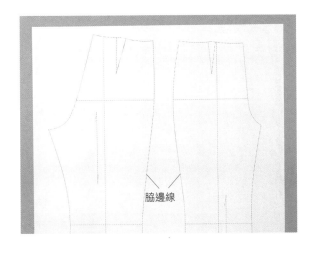

脇邊線

●增加褲寬

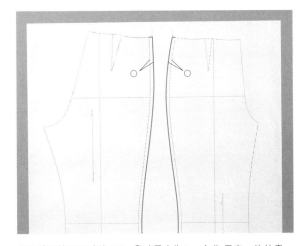

以全體要修正尺寸的1/4＝〇（最大為1cm）為長度，往外畫一
條與脇邊線平行的線條。
前、後褲片的作法相同。

●縮減褲寬

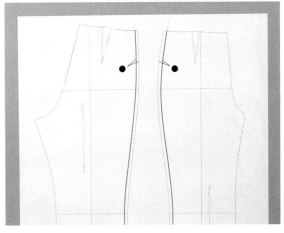

以全體要修正尺寸的1/4＝●（最大為1cm）為長度，與脇邊線
平行地進行裁剪。前、後褲片的作法相同。

◎在褲寬的中間修正寬度

在褲寬中間修正時，可修正的尺寸以**2cm**為上限，
由於是平行地變更，因此腰圍線及臀圍線也必須修正相同的尺寸。

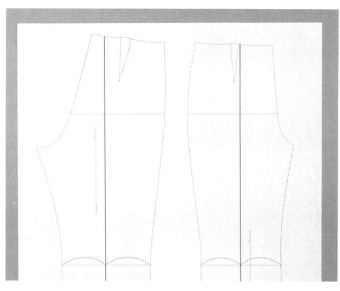

1 在褲寬的中間處，畫一條與布紋線垂直的線。

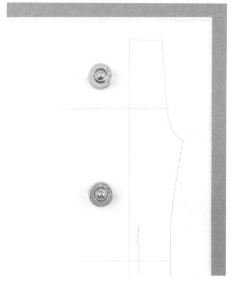

2 繪製中心側的紙型。

◆0.3mm自動鉛筆

筆芯**0.3mm**粗、適合描繪製圖的
自動鉛筆。適於製作紙型，特別
在修正紙型時、描繪以釐米為單
位的線條能夠畫得更精確。

●增加褲寬

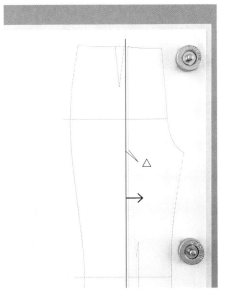

3 在該線外側再平行地畫一條線,其尺寸為整體欲增加尺寸的1/4＝△(最大為0.5cm),與步驟1的線條相互對齊,再描繪脇邊側的紙型。

4 前、後褲片的作法相同。

●縮減褲寬

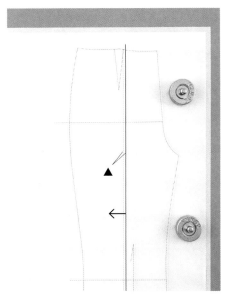

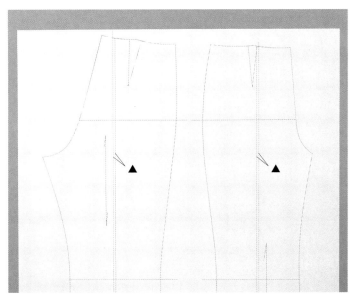

3 在該線內側再平行地畫一條線,其尺寸為整體欲縮減尺寸的1/4＝▲(最大為0.5cm),與步驟1的線條相互對齊,再描繪脇邊側的紙型。

4 前、後褲片的作法相同。

INDEX

⊥ Sewing 縫紉家 02

手作服基礎班：
畫紙型&裁布技巧book（經典版）

作　　者／水野佳子
譯　　者／黃立萍
發 行 人／詹慶和
執行編輯／劉蕙寧
編　　輯／蔡毓玲・黃璟安・陳姿伶
執行美編／陳麗娜
美術編輯／周盈汝・韓欣恬
出 版 者／雅書堂文化事業有限公司
發 行 者／雅書堂文化事業有限公司
郵撥帳號／18225950
戶　　名／雅書堂文化事業有限公司
地　　址／新北市板橋區板新路206號3樓
電　　話／(02)8952-4078
傳　　真／(02)8952-4084
網　　址／www.elegantbooks.com.tw
電子郵件／elegant.books@msa.hinet.net

2023年2月三版一刷 定價／350元

PATTERN KARA SAIDAN MADE NO KISO NO KISO
Copyright © Yoshiko Mizuno 2010
All rights reserved.
Original Japanese edition published in Japan by EDUCATIONAL FOUNDATION BUNKA
GAKUEN BUNKA PUBLISHING BUREAU
Chinese (in complex character) translation rights arranged with EDUCATIONAL
FOUNDATION BUNKA GAKUEN BUNKA PUBLISHING BUREAU
through KEIO CULTURAL ENTERPRISE CO., LTD.

經銷／易可數位行銷股份有限公司
地址／新北市新店區寶橋路235巷6弄3號5樓
電話／（02）8911-0825
傳真／（02）8911-0801

水野佳子（Yoshiko Mizuno）

裁縫設計師。
1971年出生，文化服裝學院服裝設計科畢業。
在服裝設計公司擔任企劃工作後，成為獨立設計師。
曾在雜誌上發表設計、縫製、紙型製作等解說文章，
在裁縫界深受好評。
此外，在服飾製作領域，
水野佳子也以「縫製」為主軸而活躍著，
每天過著忙碌而充實的生活。

發行人	大沼淳
書籍設計	楯まさみ
攝影	藤本毅（文化出版局）
校閱	向井雅子
編集	平山伸子（文化出版局）

參考書籍

《ファッション 典》（文化出版局）
《失敗しない接着芯の選び方、はり方　接着芯の本》
（文化出版局）
《エレガントvsカジュアル》（文化出版局）
《カット＆ホームソーイング》（文化出版局）
《オーダーメイドスカート》（文化出版局）
《私にぴったりな、ブラウス、スカート、パンツのパ
ターンがあれば……》（文化出版局）
《手作服基礎班：從零開始的縫紉技巧book》
（雅書堂）
《新・田中千代服飾事典》（同文書院）

國家圖書館出版品預行編目(CIP)資料

手作服基礎班：畫紙型＆裁布技巧book /
水野佳子著；黃立萍譯
-- 三版. -- 新北市：雅書堂文化, 2023.2
　面；　公分. -- (Sewing縫紉家; 02)
ISBN 978-986-302-663-1(平裝)
1.縫紉 2.衣飾 3.手工藝

426.3　　　　　　　　　　112000719

手作服基礎班

手作服基礎班

手作服基礎班

手 作 服 基 礎 班